量から質の時代	スポーツのための公園	景観形成
「情けは人のためならず」	4つの視点	スパイラルアップ
情報提供		防災対応

公園のグッドプラクティス
新しい公園経営に向けて

公園のユニバーサルデザイン研究チーム 著

対立		使われる公園
7つの共通施設	指定管理者制度	バリアフリー
市街地の小さな公園	市民参加	マネジメントサポーター
自然地の公園	グリーンマネジメント	アグリパーク
市街地の大きな公園	公園経営	飲食サービス
歴史的施設がある公園	鹿島出版会	整備・改修

見やすく、わかりやすい文字・色使い・表記の工夫

視覚障害、色弱の人も含め見やすいサインの表示を検証している様子（96頁）

進行方向にブロックを配置して、点字案内板等に誘導している例。園路全体にはブロックを敷設せず、必要な箇所だけ設置している。点字案内板の場所を特定する手がかりの場所に限定して誘導ブロックを設置（96頁）

見やすく、わかりやすい文字・色使い・表記の工夫

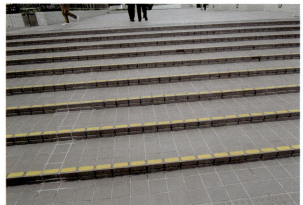

段鼻に明度差をつけて境目がはっきり分かる階段(上・中)と同色で段差が見分けにくい階段(下)の例(107頁)

色の感じ方(115〜116頁)

カラーユニバーサルデザインは多様な色覚をもつ人に配慮して、情報が正確に伝わるように配慮された色彩デザインのことです。Webサイトやパンフレット、サイン表示などすべての視覚情報媒体は、「見やすい」色の組合わせで作られたビジュアルデザインが必要です

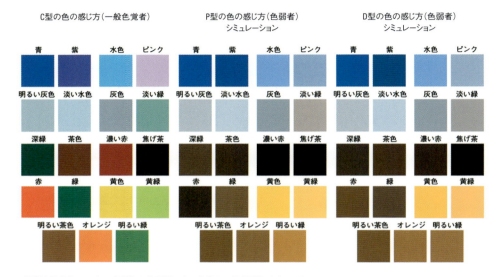

＊疑似変換(シミュレーション)画像は、色弱者の色の見分けにくさを再現したものであり、色弱者が感じている色を完全に再現したものではありません。

できるだけ多くの人に見分けやすい配色を選ぶ
1｜色を変える

C型の色の感じ方(一般色覚者)   P型の色の感じ方(色弱者)シミュレーション

改善前

改善後

見やすく、わかりやすい文字・色使い・表記の工夫

2 | 色の濃淡・明暗の差（コントラスト）をつける

上段→色に明暗の差をつけた組み合わせ例
中・下段→色に濃淡をつけた例

　　　　　　　　　　　　　　　　改善前　　　　　　　　　改善後

C型の色の感じ方（一般色覚者）　　　

P型の色の感じ方（色弱者）シミュレーション　　　　　　

　　　　　　　　　　　　　　　　改善前　　　　　　　　　改善後

C型の色の感じ方（一般色覚者）　　　

P型の色の感じ方（色弱者）シミュレーション　　

　　　　　　　　　　　　　　　　改善前　　　　　　　　　改善後

C型の色の感じ方（一般色覚者）　　　

P型の色の感じ方（色弱者）シミュレーション　　　

　　　　　　　　　　　　　　　　改善前　　　　　　　　　改善後

C型の色の感じ方（一般色覚者）　　　

P型の色の感じ方（色弱者）シミュレーション　　

問題点
・赤色で注意を促す看板
赤色は、色弱者には黒色と同じ色に見えるため、看板が目立たず、とくに暗い背景の場合は文字に気がつかないこともあります。生命に関わることもあるので、十分な配慮が不可欠です

改善内容
・赤色を橙色に変えた
・ピクトグラムと立入禁止の文字に白色のフチを入れた

画像提供：
NPO法人カラーユニバーサル
デザイン機構

ユニバーサルフォントの活用（115〜117頁）

ユニバーサルフォント（UDフォント）は視認性・読みやすさを追求し、文字の形や、認知がしやすく開発されたフォントです。近年は携帯電話・説明書などの小さい文字や高速道路の標識などにも採用されています

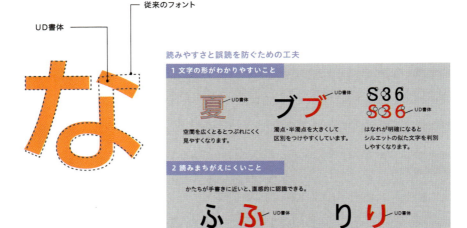

UD新ゴ

「UD新ゴ」は、見やすい書体として評価の高い「新ゴ」をベースにしています。サインなど整然としたデザイン的な表現においてとくに力を発揮します

UD丸ゴ

「UD新丸ゴ」は、丸ゴシック体独特の優しいイメージを大切にした表現のできる書体です。親しみやすさと読みやすさが求められるシーンにとくに向いています

見やすく、わかりやすい文字・色使い・表記の工夫

国営武蔵丘陵森林公園のバリアフリーマップ（115頁）

ユニバーサルデザインに関わるシンボルマーク

ユニバーサルデザインに関するさまざまなシンボルマークがあります。各マークは、サポートが必要な人たちをわかりやすく示していますが、知らない人も多いので社会認知の向上が必要です

名称		概要等	所管先
障害者のための国際シンボルマーク		障害者にとって利用しやすい建物、施設であることを表す、世界共通のシンボルマークです。特に車椅子を利用する障害者に限定したものではなく、すべての障害者を対象としています	公益財団法人 日本障害者リハビリテーション協会 TEL:03-5273-0601 FAX:03-5273-1523
身体障害者標識（身体障害者マーク）		肢体不自由であることを理由に免許に条件を付されている方が運転する車に表示するマークです。危険防止のためやむを得ない場合を除き、このマークを付けた車に幅寄せや割り込みを行った運転者は、道路交通法の規定により罰せられます	警察庁交通局 都道府県警察本部交通部、警察署交通課 警察庁 TEL:03-3581-0141（代）
聴覚障害者標識（聴覚障害者マーク）		聴覚障害であることを理由に免許に条件を付されている方が運転する車に表示するマークです。危険防止のためやむを得ない場合を除き、このマークを付けた車に幅寄せや割り込みを行った運転者は、道路交通法の規定により罰せられます	警察庁交通局 都道府県警察本部交通部、警察署交通課 警察庁 TEL:03-3581-0141（代）
盲人のための国際シンボルマーク		視覚障害者の安全やバリアフリーに考慮された建物、設備、機器などに付けられている世界共通のマークです。信号機や国際点字郵便物・書籍などで使用されています	社会福祉法人 日本盲人福祉委員会 TEL:03-5291-7885
耳マーク		耳の不自由な方が、自分の耳が不自由であることを表すのに使用します。また、自治体、病院、銀行などがこのマークを掲示し、耳の不自由な方から申し出があれば必要な援助を行うという意思表示を示すのに用います	一般社団法人 全日本難聴者・中途失聴者団体連合会 TEL:03-3225-5600 FAX:03-3354-0046
ほじょ犬マーク		身体障害者補助犬法で定められた補助犬（盲導犬、介助犬、聴導犬）を受け入れる目印となるマークです。公共の施設や交通機関、デパートやスーパー、ホテル、レストランなどの不特定多数の人が利用する施設では、補助犬の受け入れが義務付けられています	厚生労働省社会・援護局障害保健福祉部企画課自立支援振興室 TEL:03-5253-1111（代） FAX:03-3503-1237
オストメイトマーク		オストメイト（人工肛門・人工膀胱を造設している人）のための設備があることを表しています。オストメイト対応のトイレの入口・案内誘導プレートに表示されています	公益財団法人 交通エコロジー・モビリティ財団 TEL:03-3221-6673 FAX:03-3221-6674
ハート・プラスマーク		「身体内部に障害がある人」を表しています。心臓や腎臓、免疫障害などの内部障害・内臓疾患は外見からは分かりにくいため、視覚的に示すことで、理解と協力を広げるために作られたマークです	特定非営利活動法人 ハート・プラスの会 TEL:080-4824-9928
ヘルプマーク		義足や人工関節を使用している人、内部障害や難病の人、または妊娠初期の人など、援助や配慮を必要としていることが外見から分からない人々が、周囲の人から援助を受けやすくするマークです	東京都福祉保健局障害者施策推進部計画課社会参加推進担当 TEL:03-5320-4147
マタニティマーク		妊産婦が交通機関等を利用する際に身につけ、周囲が妊産婦への配慮を示しやすくするものです。さらに、交通機関、職場、飲食店、その他の公共機関等が、その取組や呼びかけ文を付してポスターなどとして掲示し、妊産婦にやさしい環境づくりを推進するものです	厚生労働省 子ども家庭局 母子保健課 03-5253-1111 （内線4982）

はじめに

　内閣府から出された平成28年版高齢社会白書によれば、平成27年10月1日の時点で、65歳以上の高齢者人口は過去最高の3,392万人となり、高齢化率は26.7％に上昇したとのことです。おおむね3.7人に1人が65歳以上の高齢者ということになり、これは予測された状況よりかなり早いスピードかと思われます。

　平成18年12月に「高齢者や障害を持った人などにとって優しいまちは、すべての人に優しいまち」という考え方に基づき、「高齢者、障害者等の移動等の円滑化の促進に関する法律（バリアフリー法）」が施行され、法にそったまちづくりが進められております。そして法の施行から早くも10年が経過しました。

　本書は、生活インフラストラクチャーの代表である公園に焦点を当てて、一般的に得た知見だけではなく、自分たちが独自の判断で活動し、体験することにより得たさまざまな内容や、仕事や研究、そして多くの人たちの指導などを通じて得た10年間の学習成果です。外部から貴重なご教示を頂いた方々には、公園への思いをコラムにしていただきました。

　それでは本書の概要をご案内しましょう。

　「1章 今の公園とこれからの公園」では、公園の整備が始まってからの時間経過で積み重なった課題などを掘り起こし、それを踏まえたこれからの公園像についての考えを示しました。「2章 福祉政策からユニバーサルデザイン社会の誕生へ」では、復習の意味を含め、現在の福祉社会に至るまでの歴史的な経過を辿った本書の背景ともいえる章です。そして、「3章 法制度が定めるユニバーサルデザイン」では、「バリアフリー法」を知るための概要と本書が主題とする公園やまちづくりの際に知っておくべき周辺の法制度を整理しています。「4章 グッドプラクティス」では、バリアフリーコンフリクトを足掛かりに、公園に共通する7つの施設についてより良くするための提案をしています。より良くするための提案がグッドプラクティスです。「5章 公園別グッドプラクティスのすすめ方」では、代表的な5つの公園について、公園の特徴やスケール、立地、利用特性を活かすためには、どんなアイデアや配慮を盛り込めば誰にも楽しい公園になるかを考えた章です。利用者すべてがオーケストラのメンバーのように活躍する公園を目指しています。そして「6章 植物を使いこなす」では、公園の魅力づくりの主役となる植物にスポットをあてて、景観

形成の基礎的な手法と、五感で感じ取る植物や植物の育成を楽しむ装置などをまとめました。最後に、「7章 公園管理から公園経営の時代に向けて」では、変わりつつある公園の整備、運営の姿にふれ、魅力的な公園やみどり空間への期待をまとめています。

　よって、本書を手にしていただきたい読者は、この分野の設計者などの専門家、その専門家になろうとしている若い人びとをまず想定しておりますが、さらにより広く一般の方々にもお読みいただければ、と切に願っております。

公園のユニバーサルデザイン研究チーム一同

目次

- 002 　見やすく、わかりやすい文字・色使い・表記の工夫
- 009 　はじめに

1章
今の公園とこれからの公園

- 020 　**1　公園は量から質の時代へ**
- 020 　1.1　今どきの公園事情
  - 1｜使われない公園
  - 2｜使われる公園
- 024 　1.2　みんなに使われる公園を目指そう

- 025 　**2　公園の魅力はどこにあるのか?**
- 026 　2.1　美しい景観と時間（人の作為を超える場面）
- 028 　2.2　親切、清潔、たたずまい（人為による場面）
- 029 　2.3　基準プラス、基準マイナス──もっと楽しくなる方法を加える
  - 1｜植物の特徴の活用で基準を上回る公園へ
  - 2｜基準を下回ってもおもてなしソフトで魅力的な公園へ

- 032 　瞑想公園遊び

2章
福祉政策から
ユニバーサルデザイン社会の誕生へ

- 042 　**1　歴史からみた障害者への対応**
- 042 　1.1　古事記から第二次大戦まで
- 045 　1.2　福祉三法と世界の流れ
- 048 　1.3　福祉政策からバリアフリーへ

- 049 　**2　高齢社会の到来とバリアフリーへの対応**
- 050 　2.1　長寿社会でふえる障害者
- 052 　2.2　あらゆる人を想定したユニバーサルデザインへ

055 **3 「情けは人のためならず」あなたもいつか高齢者**
055 **3.1** 活躍する障害者と変わってきた「まちの風景」
057 **3.2** クオリティ オブ ライフの獲得に向けて

058 **4 クオリティオブライフの充実に欠かせない公園の役割**
058 **4.1** 人間の健康感と五感
059 **4.2** 五感を覚醒させ生きる力を育む公園の力

060 Column 行ってみたい公園／伊賀公一

3章

法制度が定めるユニバーサルデザイン

064 **1 バリアフリー法と移動等円滑化について**
064 **1.1** バリアフリー法の目的
　　　　1｜バリアフリー法の基本事項
　　　　2｜対象施設及び対象者の拡充
　　　　3｜対象施設の整備目標の設定
067 **1.2** バリアフリー基本構想と重点整備地区
067 **1.3** 各種移動等円滑化基準について
　　　　1｜公共交通移動等円滑化基準
　　　　2｜道路移動等円滑化基準
　　　　3｜路外駐車場移動等円滑化基準
　　　　4｜都市公園移動等円滑化基準
　　　　5｜建築物移動等円滑化基準と建築物移動等円滑化誘導基準
072 **1.4** 法制化のねらいと課題

073 **2 都市公園の移動等円滑化整備ガイドライン（改訂版）の解説**
074 **2.1** 同書の構成とバリアフリー化の基本的な考え方
075 **2.2** 都市公園の移動等円滑化とは
　　　　1｜対象者──基本的にはすべての人
　　　　2｜特定公園施設と適合基準
　　　　3｜園路と施設の接続性
　　　　4｜スパイラルアップ
　　　　5｜重点整備地区の総合的なユニバーサルデザイン

079 **3 常に原点から取り組む姿勢を**

080 Column 一緒に遊ぼ♪／樋口彩夏

4章
グッドプラクティス

- 084 **1 公園のグッドプラクティスとは?**
  - 084 **1.1** 「なるほど」の積みあがったグッドプラクティス
  - 085 **1.2** 公園整備・改修の前提事項
  - 086 **1.3** 整備・改修時に検討すべき4つの視点
    - 1│「魅力」「アクセス」「生理現象への対応」「情報」
    - 2│公園整備・改修の手順
  - 087 **1.4** 4つの視点からみるスケール別の公園整備・改修
    - 1│小さな公園の場合
    - 2│中位の広さの公園の場合
    - 3│大きな公園の場合
  - 090 **1.5** サービスの高度化のために

- 091 **2 公園を巡る対立**
  - 091 **2.1** 公園ニーズの違いと対立の原因
  - 091 **2.2** 公園は迷惑施設?
  - 092 **2.3** いつから公園は迷惑施設になったのか
  - 093 **2.4** バリアフリーコンフリクトを意識しよう
  - 094 **2.5** バリアフリーデザインにおける基本事項と対立点

- 097 **3 施設整備と管理運営**
  - 1│公園の7つの共通施設
  - 2│管理運営の主な項目
  - 3│各施設と管理運営のポイント

- 099 **4 7つの共通施設をグッドプラクティスに**
  - 099 **4.1** 駐車場のグッドプラクティス
    - 1│スムーズな障害者用ブースへ誘導の工夫
    - 2│有事への工夫(エリアの割付計画)
    - 3│イベント等での誘導の工夫
    - 4│屋根付き駐車場と屋根付き園路
    - 5│グッドプラクティス
  - 102 **4.2** 出入口のグッドプラクティス
    - 1│管理管轄の違う接続の工夫
    - 2│周辺調査とルールづくりの工夫
    - 3│駐輪場と注意喚起の行動・表示の工夫
    - 4│入口の位置と形状の工夫
    - 5│軽車両(自転車・バイク)の進入禁止の工夫
    - 6│案内拠点・危機管理拠点としての工夫
    - 7│グッドプラクティス
  - 107 **4.3** 園路・階段・スロープのグッドプラクティス
    - 1│地形とルート設定の工夫

013

　　　　2｜移動手段の工夫
　　　　3｜素材と色彩の工夫
　　　　4｜グッドプラクティス
108　**4.4** トイレのグッドプラクティス
　　　　1｜設置場所の工夫
　　　　2｜機能を分散した便房の工夫
　　　　3｜清潔の維持と清潔を知らせる工夫
　　　　4｜案内表示の工夫
　　　　5｜非日常用トイレの工夫
　　　　6｜グッドプラクティス
112　**4.5** 情報提供のグッドプラクティス
　　　　1｜4種の情報に整理する
　　　　2｜提供方法の工夫
　　　　3｜案内表記の工夫
　　　　4｜出入口案内の工夫
　　　　5｜有事の説明の工夫
　　　　6｜ガイドの工夫
　　　　7｜グッドプラクティス
121　**4.6** 休憩所のグッドプラクティス
　　　　1｜位置の選択の工夫
　　　　2｜設置施設の工夫
　　　　3｜管理サービスの工夫
　　　　4｜グッドプラクティス
123　**4.7** 照明のグッドプラクティス
　　　　1｜安全のための誘導の工夫
　　　　2｜ライトアップの工夫
　　　　3｜ムードづくりの工夫
　　　　4｜エンタテイメントの工夫
　　　　5｜グッドプラクティス

126　　Column　遊び場のユニバーサルデザイン／矢藤洋子

5章
公園別グッドプラクティスのすすめ方

130　**1**　**市街地の小さな公園**
130　**1.1**　公園の特性
131　**1.2**　整備・改修のポイント
　　　　1｜みんなで調査と協議から始めよう
　　　　2｜狭い敷地に必要なモノと配置
　　　　3｜整備目的と出入口を話し合おう
　　　　4｜遊び場とレストコーナー
　　　　5｜コミュニティハウス

137	**1.3**	管理運営のポイント
		1｜管理を遊びと社会貢献に変えよう
		2｜季節のピークを楽しもう
		3｜遊びの大将を育てよう
138	**1.4**	グッドプラクティス

139　2　市街地の大きな公園

139	**2.1**	公園の特性
140	**2.2**	整備・改修のポイント
		1｜見えない埋設設備、見える建造物にも注意して計画を立てる
		2｜歩車分離を徹底したサイクリングロード
		3｜ストックとしての植栽景観の見直し
		4｜飲食サービスと景観性
142	**2.3**	管理運営のポイント
		1｜安全第一
		2｜点検と清掃
		3｜参加プログラム・イベントの提供と準備
		4｜自主評価の仕組みづくり
147	**2.4**	グッドプラクティス

147　3　自然地の公園

147	**3.1**	公園の特性
148	**3.2**	整備・改修のポイント
		1｜アクセス可能域の情報提供
		2｜アクセスへの配慮
		3｜エコトイレ
		4｜五感を深める多様な資料の整備とネイチャーハウスの設置
		5｜休憩所の整備とネーミング
		6｜飲食施設の有無
151	**3.3**	管理運営のポイント
		1｜入場の確認と連絡方法、巡回
		2｜点検と改善
		3｜参加プログラムを多様に
		4｜水辺のプログラムは訓練されたインストラクターを整備
153	**3.4**	グッドプラクティス

154　4　歴史的施設がある公園

154	**4.1**	公園の特性
155	**4.2**	整備・改修のポイント
		1｜文化的景観への配慮点——素材・設置場所
		2｜移動しやすい園路の仕上げ
		3｜多様な園内移動手段の提供
		4｜史跡、庭園解説ツール整備に伴う解説内容の充実
157	**4.3**	管理運営のポイント
		1｜原型に沿う安全のための手入れ
		2｜庭園に相応しい飲食や出店の提供

　　　　　3｜管理の技法も展示の一つ
　　　　　4｜史跡を楽しむ工夫を
　　　　　5｜防犯カメラ周りの植物剪定
159　**4.4**　グッドプラクティス

160　**5**　**スポーツのための公園**
162　**5.1**　公園の特性
163　**5.2**　整備・改修のポイント
　　　　　1｜駐車場
　　　　　2｜アスリートに配慮した出入口と園路
　　　　　3｜観戦者へ配慮した出入口と通路
　　　　　4｜サイン（案内）
　　　　　5｜アスリートのための付帯施設
　　　　　6｜観覧席
　　　　　7｜ホスピタリティエリアの設置
　　　　　8｜防災対応
168　**5.3**　管理運営のポイント
　　　　　1｜多様な利用者への情報の提供
　　　　　2｜地域との連携
　　　　　3｜観戦者への配慮
　　　　　4｜事故への対応
169　**5.4**　グッドプラクティス

170　　Column　車いすアスリートの視点から見た運動公園／花岡伸和

6章

植物を使いこなす

175　**1**　**植物による景観形成**
175　**1.1**　視点場の景
　　　　　1｜遠景・中景・近景
　　　　　2｜見下ろす景・見上げる景・映す景
177　**1.2**　連続する景（視界の広がりとシークエンス）
　　　　　1｜直線のシークエンス
　　　　　2｜園路、水路沿いのシークエンス
　　　　　3｜視界が限定されないシークエンス

179　**2**　**植え方や色とのコントラスト**
179　**2.1**　樹木の植え方とコントラスト
179　**2.2**　花色とコントラスト
180　**2.3**　カラーリーフとコントラスト
181　**2.4**　四季咲きにこだわらない考え方

181	**3 グッドプラクティスの植栽計画**
181	**3.1** 植栽計画のポイント
182	**3.2** 植物及び付帯施設活用のポイント

1｜植物の選定と配植の注意
2｜付帯施設

185	**3.3** 花演出の応用
186	Column 公園の思い出／芳賀優子
188	Column 公園での井戸端会議は手話で／松森果林

7章

公園管理から公園経営の時代に向けて

192	**1 指定管理者制度と市民参加**
192	**1.1** 指定管理者制度とは
192	**1.2** ユニバーサルメンテナンス
193	**1.3** 指定管理者のマインドとサービスと利益
194	**1.4** 住民参加の良い点、悪い点

195	**2 公園運営から公園経営へ**
196	**2.1** 地域コミュニティによるマネージメント
196	**2.2** パークマネージメント・グリーンマネージメント

| 198 | **3 利用者・管理者の「私」もマネージメントサポーター** |

| 200 | Column 息子に学ぶユニバーサルデザイン／髙木幸治 |

| 202 | 【資料】パラリンピックで開催される競技 |
| 205 | 参考文献 |

1章

今の公園とこれからの公園

1　公園は量から質の時代へ

1.1　今どきの公園事情

　公園にいろいろな種類があるのは、ご存じでしょうか。たとえば、国立公園や国定公園、自然公園等は、地域制公園という種別に入ります。そして、身近な生活のなかで使っている公園は、いわゆる都市公園といいます。これには国が整備する公園と、地方公共団体が整備する公園があり、都市公園法（1956（昭和31）年制定）により下記に示す10分類の公園が定められています。

10分類の公園緑地
1. 住区基幹公園（街区公園、近隣公園、地区公園）　2. 都市基幹公園（総合公園、運動公園）　3. 大規模公園（広域公園、レクリエーション都市）　4. 国営公園　5. 特殊公園（風致公園、動植物公園、歴史公園、墓園等）　6. 緩衝緑地　7. 都市緑地　8. 都市林　9. 緑道　10. 広場公園

　法の制定から約60年が経ち、その間には時代のニーズに対応した施策により新たに作られた公園があります。防災公園や自然生態観察公園（アーバン・エコロジー・パーク）などはその代表です。

　また、同じ分類の公園でも、北海道から沖縄まで環境の違いや、大小のスケール、さらには、同じ都市の中でも中心市街地や閑静な住宅地、また土地柄のもつ自然要素を活かした公園など、立地の違いもあります。

　本書で取り上げる公園は、いわゆる都市公園が中心ですが、一口に都市公園といってもさまざまな形があるのがお分かりいただけると思います。

　1971（昭和47）年に最初の都市公園整備5カ年計画が策定され、以降、各種の施策とあわせて人口の増加に伴い一人当たりに必要な公園面積が整備目標に掲げられました。あれから約40年が経過しました。平成27年3月に国土交通省から発表された現在の整備量は、都市公園面積12万4,125ha、箇所数10万6,849カ所、一人当たりの公園面積10.3㎡となっています。

　都市部をみると、東京全域では一人当たりの公園面積は5.8㎡ですが、23区では3.2㎡であり、不足している地域もまだ多くあります。また全国の約10万カ所の公園のうち老朽化によりリニューアルが必要とされる公園は約3割もあります。さらに供用されている公園のうち、よく使われ

る公園は全体の4割でしかないという調査結果もあります。しかし、人口が減少傾向となった現在、人口増加とともに量を増やす整備の指標は説得力がなくなりました。しかも就業者人口の減少に伴う税収の減少、さらに少子化と超高齢社会により、税の活用は福祉、医療へ重点が置かれていますので、地方自治体はこれまで整備した公園の維持管理費用の手当てさえままならない時代になっています。

そして公園の周辺で生活する利用者のニーズにそぐわないことや、たまたま公園で不幸な事故が起こったりすると、公園不要論が出たりします。

一方、法律に基づいてユニバーサルデザインへ取り組んだ再整備の公園や、さまざまなサービス施設の導入などの工夫で、多くの利用者に支持されている公園が増えつつあります。

つまり公園は、量を増やすことを目標にした時代から、これまで整備したストックを生活の質の向上へ活かすことを目標とする時代になったといえるでしょう。

利用者のニーズに伴い、施策も変化している現状を考えると、「公園」は新たなあり方に取り組まなければなりません。

そこで、ユニバーサルデザインを視野に入れながら、公園ウォッチングをしてみましょう。

1│使われない公園

まず、使われない公園とは、どんな公園でしょうか。

住宅地に囲まれたとても狭い公園。街区公園は以前、児童公園の名称で整備され、小さな子どものための遊具が数種類設置されていましたが、遊具は形の古さとともに、塗装が剥がれ、剥がれた部分に錆が出たりしている場合があります。それに反して木々は巨大に繁茂し、園内全体が薄暗い。日陰の低木は消滅してしまい、縁石だけが残って土面を露にしている植栽地。反対に、公園の外周の植栽は、当初、低木であったものが、管理不足で大きく伸びて園内の見通しが悪くなり、その中にゴミを捨てるなどマナーが悪い場所もあります。土の広場には、雑草が広がって遊び場のはずのスペースを侵食している場合や、排水が悪いために雨の後は長い間水溜まりとなって、使えない場合もあります。

小さい和式トイレは清掃がしてあっても古くて匂いが消えない状況に加え、洋式洗浄便座が一般的になった今日では使われません。また、敷地

がやや高台になっている公園や、直接道路に接道せずに、公園用の細い道でアクセスするような公園は、道路から園内が見えないことや、存在位置そのものがわかりにくいので入りたい気持ちになりません。小さい子ども連れのママたちには、ベビーバギーでアクセスしにくい公園は敬遠されます。このように利用者のニーズに対応していない古い要素が重なった公園、そして見るからに管理されていない公園は使われない公園になっています。

　こういった公園は、住宅地開発に伴い、宅地に隣接して整備された経緯があり、整備当初は小さな子どもをもつ家庭にとって、住まいの近くに公園があることは便利だったのですが、公園に隣接する家の居住者からは、子どもの声がうるさいといった苦情が出ます。苦情が出ればママたちは子どもを連れて行けなくなり、足が遠のきます。やがて子どもは成長とともに、小さい子ども向けの遊具には興味がなくなり、周辺居住者が高齢化すれば、遊具だけの公園は役に立たない場所になります。そして残された木だけが成長し、不気味な空間になるといった経過を辿るわけです。小さい公園を再整備する場合は、必ずしも立地自体が良好とは限りませんので、まずは該当の場所が目的に適しているかの判断も必要となります。

　また、少々広い公園でも、「○○してはいけません」と書かれた看板があちこちにある公園は、利用者にとって来園の目的とおりに使えない状況になります。たとえば、キャッチボール等のボール遊びはいけません。テニスの壁打ちはいけません。ローラーブレードはいけません。花火をやってはいけません。芝生に入ってはいけません、等々。

　とくに花火の禁止は、夏休みになると「いけません」が目につきます。これは花火の音や、集団の大きな声、場所によっては火事や他の利用者への危険性、さらに燃えかすの放置などが「いけません」の理由でしょう。しかし、夏になればコンビニでも花火は売っていますから、身近に入手できる夏の遊び道具です。都会の暮らしぶりを想定すると、マンション住まいや広い庭がなければやはり公園が遊びの場として選ばれ、みんなで花火をやりたいのは、無理のないことでしょう。公園はレクリエーションのためにあるはずですし、マナーを守ればやってはいけないことはないはずですから。

　とくに活動的なアクティビティは、事故などに結びつくことを懸念しての「いけません」ということが多いように思います。これは利用者への危険回避策と受け取れますが、伸びやかな遊びの希求を考えると禁止の

前に安全利用への指導があってもいいのではと考えます。

2 | 使われる公園

　電車の駅から近い公園や、駐車場が広く、車いすマークの駐車場がわかりやすい場所にある公園、すなわち都市的アクセシビリティの良い公園は、それだけでも行くきっかけになります。小さな公園も商店街の近くや、学校、コンビニエンスストアの近くにあれば木陰とベンチだけでも昼食や休憩の場所になり、利用者は多くなりますので、立地は大切な要素といえます。

　また、住宅地内でも、自治会等地域コミュニティの活動が活発な場所にある公園は、お祭や各種インベントの開催の場として使われます。公園の施設うんぬんというよりも広場活用といった方が良いでしょうか。

　そして敷地が広く、静かな場所と賑やかな場所の両方が備わっている公園。花や木々などの自然要素も十分にあり、季節感を体感しながら、目的とするアクティビティができれば、何度も行きたい公園になります。そして利用する人は、自分をその場所に同化させて絵になる風景を期待します。花壇の花や、スポーツウエアで写真を自撮りする行為は、その代表的なことですね。また、遊具が新しい公園、ユニバーサルデザインに配慮した公園、いろいろなイベントやアクティビティが体感できる公園などは、目的の異なる多様なユーザーに利用され、人の動きが見えることで、人が人を呼ぶという現象に繋がります。トイレは広く新しく、数も多く、使い勝手もいろいろある状態。清掃や除草が行き届き、清潔感のある明るい公園は人気が高い公園です。ドッグランもペット好きの家族に好評です。園内または周辺にペット連れOKのカフェ、おしゃれなレストランやコンビニエンスストア等があればさらに利用者は増えます。このように生活スタイルの条件が合った公園を子ども連れのママたちやタクシーの運転手さん、ペット好きたちはいち早く見つけ、好んで利用します。

　公園が他のインフラストラクチャーと異なるところは、一つの機能に留まらず、多様性があり、利用者が主体的に行為を選択して利用ができることです。とくに、現在では社会ニーズの変化に合った、サービス施設が導入された公園は、新旧を問わずよく利用されます。国営公園でもビールが飲めるようになりました。

　そうです。これまで「だんごより花」、きれいな場所なのだけど、まじめくさい場所の整備をしてきた公園ですが、やっと「花もだんごも」得られ

るようになってきているのです。

1.2　みんなに使われる公園を目指そう

　公園がみんなに使われる場所であることは基本的なことです。生活に溶け込み、誰もが日常に使える場所でなくてはなりません。また海外からの来訪者にとっては、ほっと心安らぐ場所であってほしいものです。

　「みんな」とは、老若男女、障害者や来訪者すべてということになりますが、みんなが望み、必要だと感じることは同じではありません。端的に例を述べれば、お年寄りと若者のニーズは違いますし、目の不自由な人と耳の不自由な人のニーズは違います。そのすべての人たちが楽しめる公園を目指したいものですが、現実はそう簡単ではありません。

　これが最近のユニバーサルデザインの課題として取り上げられるコンフリクト（Conflict）の問題です。衝突、葛藤、対立といった概念で、「あちらを立てれば、こちらが立たず」といえば、わかりやすいでしょうか（91頁参照）。異なる要求に対し、どのように配慮し、対処するか。

　また、配慮の方法は時代によっても異なります。高齢者や障害者の人々もライフスタイルはいろいろですから、「配慮してもらえて当たり前」を主張する人と、「年寄り扱いしないで！」あるいは「障害は自分で克服して生活してきたので、これからも助けが必要な時だけお願いしたい」と自立した生活感をもつ人も少なくありません。このように個別に状況が異なる人の尊厳を傷つけないように対応策を講じることはとても難しいことです。

　「みんな」の都合に合せた整備は不可能ですから、何にお金を投下して整備するか、優先順位を決め、決めた経緯を利用者や不具合をもつ該当者に説明できなければなりません。優先順位は、公園自体がもつ与条件にもよりますし、利用者の状況、たとえば高齢者が多い住宅地の場合や、事業所や商店が主体で、就業者や訪問者が利用者の主体となる場合、近隣に障害者の施設が位置した場合などを念頭に置いて、配慮を必要とする人たちからの意見を聞くことが重要です。

　しかし、あまり悠長に考えられないのが、防災面であり、ユニバーサルデザインと同時に社会生活のシステムとして検討する必要があります。スピードのある判断が必要な有事の対応では、高齢者や障害者あるいは緊急時のスピードに対応できない具合の人たちが、自らその状況を積極的に申し出るようにして、みんなが同時に行動できる仕組みを作ってお

く必要があります。

　そして、それぞれのやって欲しいことは前述したように対立する可能性はありますが、ポイントは「何を優先的にやれば、みんなの安全が最も保てるか」ということを当事者同士で確認し合い、優先順位を決定します。そうすれば、それぞれのもつ不具合が確認できると同時に、緊急時にはお互いの優位性を発揮して、不具合をカバーし合える状況が生まれることが想定できます。

　ちなみに防災的な観点から避難場所等防災計画に位置づけられた公園は、有事を想定した管理運営が必要となります。管理者の心構えとして利用者である高齢者や障害者に対しては、身体特性を想定しておくこと、また挨拶やちょっとした日常会話による声かけなどにより顔見知りになる努力をして、日頃からの信頼関係を築いておくことが重要です。日常で信頼関係が築けなければ、ユニバーサルデザインどころか、有事の時は、ちょっとした連絡の不備などが発端となって、利用者の不満パワーを増大させることにもなりかねません。管理者はシフトにかかわらず、全員が有事への対応行動、たとえば避難経路から集合場所への誘導、危険性の想定される場所等の確認項目の理解など、不測の事態への対応手順を学び行政の本部機能への連絡を速やかに行動に移せることが求められます。形式的であるよりも、より現実的でスピード感のある対応を実践的な研修を繰り返すことにより、自信をもって行動できる状態になれば、安全は確実なものとなります。

　危機管理のプロフェッショナルとして活躍された佐々淳行氏のシンポジウムで「危機管理に限ることなく、仕事というのは自分のテリトリーしか考えない、やらない状況は必ず漏れが生じる。反対に、お互いが重なり合うように配慮して仕事をすれば、漏れがなく安心な結果となる」という話しを聞き、なるほどと納得したことがあります。

　冷静に他者を思いやってこそ、安心と安全が成立するということを改めて思います。

2　公園の魅力はどこにあるのか?

　公園は、ストックを活かし、時代のニーズに沿った再整備、改修と維持、運営管理を行う時代に入りました。そこで、ストックとしての公園の魅力

を考えてみたいと思います。

2.1 美しい景観と時間（人の作為を超える場面）

　まず、公園には多くの植物があり、植物の組合わせによってできる景観は公園がもつ大きな魅力です。歴史的なストラクチャーは別として、いわゆる公園施設は出来上がった直後が、見た目もきれいで最も新鮮に感じますが、時間の経過とともに老朽化し、陳腐化する場合さえあります。

　それに反比例するのが植物です。植物は生物ですから、環境と時間によって大きく生育するものもあれば、環境が不適合で早々に枯死してしまうものもあります。また公園の植物は計画以前からその地にあった既存木もあれば、計画・設計によって植栽された種類もあります。個体別の生命力や気象、土壌条件といった自然条件、とりわけ植栽直後の気象条件は生死や成長を左右します。人が計画し、管理に注力しても、植物個別の生命力をコントロールするには及びません。当地の自然条件をクリアした植物の成長が空間と時間を演出します。

　和辻哲郎著作の『風土』によれば、我が国の風土は熱帯的でありかつ、寒帯的であり、その例を「竹」に託して語っています。「熱帯的植物である竹は東南アジア諸国にもみられるが、竹に雪が積もる姿は日本の風物であり、我が国の竹はその風土性から熱帯の竹と異なり弾力的な曲線を描きうる。夏、冬に生えかわることのない樹木は、このような風土のもつ二面性とともに、樹木自体も二重の性格を帯びる」と記しています。このように二重性をもつ風土自体が国土としての魅力であり、そこに食住文化や言語の多様性が生まれたと解説しています。現在のように社会基盤整備が均一に行き届き、極端な地域差が感じられなくなった環境では、なかなかそれを実感する場面に巡り合いませんが、少なくとも公園で散見できる植物の景色には自然の一端に巡り合う風景があるのではないでしょうか。

　早春の落葉樹の芽吹きは生命力に溢れ、成長を予感させます。花見という木々を愛でるレクリエーションがあるくらいですから、花々が最も美しく、彩りが変化し香り溢れる季節です。花見といえば桜がイメージされますが、現在はいろいろな季節の花が公園のセールスポイントになっており、桜に限らず人気のある季節の風物詩となっています。

　夏は葉の成長が木陰や木洩れ日を作り、吹き抜ける風とともに、暑い夏だから感じる外部空間の心地よさがあります。また、公園自体ではありま

せんが、夏に寺の境内で行われる東京の朝顔市（台東区真源寺、文京区伝通院）やほおずき市（文京区源覚寺）では、日頃、ティーシャツに短パンの若者が、浴衣を着て朝顔やほおずきを愛でるというように、植物の力はファッションにまで及ぶわけです。植物が取りもつ下町文化といってもいいでしょう。

　秋の紅葉の美しさは、春と同様に紅葉狩りという行為を生み、寒さを感じた子どもたちは山盛りの落ち葉に埋もれて遊び、ちょっとした温かさを感じます。路面いっぱいに広がるカサコソという落ち葉の道を歩く夕暮れは行く人たちの心の投影によって、ロマンチックでもあり、センチメンタルでもあり……。

　そして冬。葉を落した冬枯れの木々のシルエットの美しいこと。それに反し、針葉樹は、暗緑色を通年保って、年間の木々が織りなす風景の背景を、時には主景を作ります。このようなコントラストも絵になる風景の一つです。

　大きく育った樹木には畏敬の念を抱くこともあり、また、ふと見つけた小さな花など、自分に比べてスケールが大きかったり、小さかったりするものには驚きや感動を覚えます。それが自然の造形であればなおさらではないでしょうか。

　早朝から夕暮れまで、各地の気象や地形と相まって演出される美しい景観は人の作為を超えるものであり、誰もがその美観を否定することなく平等に感動できると思います。視覚障害の人には関係ないのではと思われるかもしれませんが、視覚障害の人は、空気感や風の流れや気温による皮膚感覚、匂い等、当事者の経験の積み重ねによって、独特の空間の感じ方があるそうです。とくに、駅や道を歩いている時は、安全に歩くことが優先事項でしょうが、公園のようにリラックスできる場所であれば、味わう感覚も異なるのではないかと思います。

　春夏秋冬に伴う花鳥風月を愛でるいわゆる物見遊山の習慣は、花見、紅葉狩り、蛍狩り、虫聴きが平安貴族に始まり、桃山、江戸時代で庶民に広まったようです。月見は奈良時代に始まり、後に農耕の祭となりました。野遊びは、春の特定の日に終日、摘み草をして食卓に供することをしたようです。これは現在の山菜採りやきのこ狩りに通じるものがあります。

　これらの自然を味わうライフスタイルは、遊び道具やエンタテイメントが溢れる現代社会においてはいささか地味な行為と位置づけられるのかもしれませんが、人間が動物として五感を研ぎ澄まし、自然に呼応し、

覚醒あるいは鎮静を体に伝えて、動くことは子どもの成長や高齢者の老化防止にも重要だといわれています。

現代の子どもは外遊びをしなくなったとよく言われますが、十分な外遊びを知らないままに成長しているという見方があるのではないでしょうか。

高齢者についても、加齢は同じであっても体力、気力には雲泥の差があります。いつも外出して適度に運動し、人とのコミュニケーションが楽しめる人は元気です。外出は第二の心臓といわれる足の筋肉を使い血行をよくすること、コミュニケーションは会話を促すことで、脳の働きを活性化することに繋がります。成人病などによって運悪く麻痺が生じた場合でも、リハビリテーションによって心身を健全に保つ努力のできる人は、元気を維持することができます。

このように、公園は生活を豊かに、身心を元気にできる場所と位置づけられるでしょう。

しかも一部の有料公園を除いて24時間利用でき、多くは無料ですから、使い方によっては自分の庭のようにお気に入りの場所として楽しむ人もいらっしゃるでしょう。植物がいっぱいの自然を体感することは、ユニバーサルデザインを考えるうえで、もっとも魅力となる要素であると考えられます。

ここが魅力ポイント！
・公園は空間と時間で醸成された植物の自然風景に触れることができる。
・公園は人の五感を覚醒させ、自然を愛でるライフスタイルを獲得して心身を元気にする。
・公園の多くは無料で使える日常生活の庭である。

2.2　親切、清潔、たたずまい（人為による場面）

一方で、公園は人と出合う場でもあります。会話を交わすことがなくても、人の動きやさまざまな活動を見ることで元気やチャレンジの気持ちが触発されることもあるでしょう。

また、公園には美観を維持し、利用者のためにさまざまな管理に携わる人がいます。

昔の公園にはトイレに落書きがあったり、掃除がしてなかったりで、暗

くて危険な雰囲気が漂い、使いたくない例が多くありました。かつては、なるべく管理をしなくてよい整備をすることが一つの条件でもあり、管理に重点が置かれていない状況だったのです。

しかし、今の公園は違います。小さな公園は掃き清掃程度の場合もありますが、比較的大きな公園の多くは、トイレは常に清掃が行き届き、清潔が保たれています。また、事故や事件が起こらないために、園内パトロールを行い、利用者が何事もなく安全に過ごせる配慮を行っています。さらに大きな公園の場合は案内所があり、不明な点や困ったことには親切に対応してくれます。知名度の高い庭園などは、外国からの訪問者に人気の場所であり、多言語の解説リーフレットや、音声ガイドなどが設置してある場合もあります。

そして、前述した美しい風景も木々が繁って見えないことがないよう、適宜剪定して、見るべき場所が維持されたたたずまいとなっています。

このように現在の都市公園のうち、規模の小さい公園は、相変わらずの場所も多い状況は否めませんが、規模がやや大きめの公園の多くは、指定管理者制度(192頁参照)の導入によって、常時、人がいて管理がされる状況にあります。これが昔の公園と大きく異なるところで、利用者は気持ち良く使えることがあたり前に感じられる公園が増えています。人の介入によって、親切、清潔、たたずまいが維持されれば、公園の魅力はパワーアップします。公園は、生活するうえでのサービス施設として、高度化の途上にあるといってもいいでしょう。

ここが魅力ポイント！
- 公園は生活に便利で豊かさを得られるサービス施設である。
- 公園は人と出合い、元気やチャレンジ心が触発される場所として使える。
- 公園は清潔で安全、そして親切な場所である。

2.3　基準プラス、基準マイナス——もっと楽しくなる方法を加える

1｜植物の特徴の活用で基準を上回る公園へ

公園のユニバーサルデザインを進めるにあたって法律の定める基準のなかには、植物に関する事項はありません。それは公園を利用する人に対し、直接的な便、不便に影響しないという考えだからでしょう。しかし、植物は公園の魅力を考えるうえでは、ユニバーサルデザインに不可欠なプ

ラス要素なのです。

　植物の魅力は、色のコントラスト（視覚）、香りの癒し効果（臭覚）、葉擦れや乾いた落ち葉を踏む音（聴覚）、手で触ったいろいろな感触、足で踏む感触（触覚）の四感で得られる特徴があるにもかかわらず、植栽計画ではそのような感じ方を考慮した植物の選択や演出はそれほど意識されてこなかったのではないでしょうか。センサリーガーデン（感覚の庭）といった場所も整備された例は各所に見受けられますが、楽しむ手法が充実していないのが現実のように思います。植物は一人一人の感性の違いで、花を愛でる人もいれば、風景として魅力を感じる人もいます。人によって感じる対象も感じ方も違うはずですから、さりげなくある植物やいつもの風景が、夕焼けなどの時間にだけ見られる空色と樹木のコントラストや、一陣の風によって舞う落ち葉や花など、途方もなく美しく見える刹那こそが人の手ではなし得ないドラマチックな自然との出合いといえるのではないでしょうか。

　そしてこれまであまり充実していなかった五番目の感覚である味覚。すなわち食の提供です。たとえば公園にあるキッチンガーデン。多くは野菜が植えられて名前が表示してある例が多いのですが、子どもたちには、苗の植付け、手入れに収穫。そして収穫物の野菜や、ハーブ、エディブスフラワーを食材にしたカフェ＆レストランが公園にあれば、野菜嫌いの子どもが野菜好きになるかもしれません。健康を掲げたコンセプトの公園は、スポーツメニューと健康食のメニューの提供などアイデアはいくらでも広がります。想像しただけでも行きたくなりませんか。このように食べる植物は、五感への貢献度が高く、公園にとっては基準を超えた大きなプラス要素です。植物園等の学習要素の高い教育施設もありますが、ここではお固いことは抜きにして、誰もが楽しめる植物の持ち味を味わう整備は、基準を超えたプラス要素として計画には盛り込みたいものですね。

2｜基準を下回ってもおもてなしソフトで魅力的な公園へ

　各種の施設がユニバーサルの基準に対応した公園ができました。しかし、そのアクセスは、長い長いスロープの園路や、ショートカットの階段には、手すりが十分過ぎるくらいに設置してあったりします。基準の達成を紹介する事例には好都合ですが、このスロープを車いすで上れる体力の人はどのくらいいるのかなぁと現実的なことを思いますし、延々と続く斜路は、フラットな踊り場が基準通りにあっても、取り立てて眺めがよ

いわけでもなく、その過程に楽しめる要素がなかったら、基準さえクリアすればいいの？と疑問が湧きます。そして上りきって何もなければなおさら疲労感があるのではないでしょうか。手すりだらけの階段やスロープを写真に撮ると、プロダクトの整備だけが、「やりました」と主張して、いささか押しつけがましく豊かな環境という言葉は浮かんできません。

　坂道で有名なサンフランシスコのロシアンヒルにあるロンバードストリートは世界一曲がりくねった道で、高低差もありますが、花に溢れ、絵になる風景。ついつい体力を忘れて上って、あるいは下ってみたいという観光客で溢れています。ここには、手すりは設置されていません。それは花の風景を損ねるからでしょう。

　反対に、歴史性を配慮した公園、庭園や史跡などは、歴史的な価値が最優先事項である場合があります。文化財等に指定されていればなおさらで、現状維持が前提となります。しかし、文化財だから全く手をつけられないというのでは、ユニバーサルデザインの精神にいささか欠けます。少しでもみんなに楽しんでもらうチャレンジをしたいものです。基準に沿う施設整備が無理であることはしかたないと思います。しかし、ちょっとしたメンテナンスの範囲でできることは、たくさんあります。

　たとえば土の園路にみられる雨上がりの水溜まりや洗掘による段差、石のずれによる段差や隙間などは、水を取り除いて土を入れ、転圧することや、段差のある石を調整して水平にするなど施設の持ち味を損ねることなく、維持管理によって使いやすくできることはたくさんあります。基準が整備できなくても、さまざまな管理のアイデアで魅力的な公園にしたいものです。

　ちなみに、アメリカのADA法（49頁参照）にも歴史的な施設の維持にそぐわない基準があるということで、数値を場所によって柔軟に対応するなどの見直しがなされた経緯があります。

　広大な公園の場合は園内を回遊する乗り物がある場合もみられます。その他にも案内付きのライディングオプションによって軽々と高所に登れたり、眺められたり、遠くまで楽々と到達できたりすれば、移動円滑化の達成感もあるというものです。また、伝い歩きができるようにデザインされた手すりは基準を守るだけでなく、利用することによって、体のストレッチになり、さらに「楽しい伝い歩きインストラクター」の指導があることで、単なる手すりではなくなります。いろいろな事情で基準通りができない場合があったとしても、工夫とソフトプログラムを加えれば、マイ

ナス要素のプロダクトをプラスに転換することができます。
　これらの例をみても、ソフトウエア、言い換えればサービスのかたちや仕組みによって、整備基準からはややマイナスとなっても、プラスに転化することができるのではと考えます。
　人とのコミュニケーション、さらには人と一緒にできる行為は、がんばりも利くし、達成の分かち合いもできる状況が生まれます。
　基準は最低限度の配慮事項と考え、利便を供するだけでなく、もっと楽しくなる方法を加えることによって、ユニバーサルデザイン施設の展示場のような公園から、公園の特徴に合ったさりげないおもてなしの行為や設えがしゃれていて、人もたたずまいも楽しく美しい公園にしたいものです。

ここが魅力ポイント！
・植物を味わう魅力を導入し、五感を得られる場にしよう。
・管理のアイデアでおもてなし度をアップしよう。
・広い公園には移動が楽しめる乗り物を整備しよう。
・各種のインストラクター設置で楽しさを倍増しよう。

瞑想公園遊び
利用したい公園で安心チャレンジ

　公園やそれに関連する場所などの見方、考え方を寄り道しながらご案内してきました。次はさまざまな立場の利用者は公園でどのように遊びたいのでしょうか？　瞑想してみましょう。単なる瞑想かもしれませんし、ご当人の切なる願いかもしれません。
　さて、あなたはどのような公園遊びが楽しいと思われますか。それぞれをご自分に当てはめて考えてみてください。

---

①もし、子どもなら……

　僕、公園では「やってはいけない」とママに言われないで、思いっきり何でもやってみたい。だって、お洋服が汚れると注意されるんだもん。泥んこに

なってもいいカッコで、遊具より、草っぱらで遊びたい。背の高い草の中では、僕は周りから見えないんだよ。かくれんぼもしたいし、虫とりもやりたい。いろいろな草があれば、虫もいっぱい、いろいろなのがいるんだ。木登りだって登り易い枝がたくさん出ている木もあるけれど、枝の少ない木もあるから、いろんな木の高いところまで登りたいなぁ。今はまだ、小さい木しか登れないかもしれないけれど、少しずつ、高い木に登れるようチャレンジしたい。ジャングルジムに登るように簡単じゃないけれど、それが面白いんだ。大きな木って基地や見張り台みたいでしょ。

　それから夏休みは池のお水のかけっこが気持ちいい。噴水が急に水を吹き出して、みんながびちゃびちゃずぶ濡れになるけど、超冷たくてサイコー。さえこちゃんは、車いすに乗ってる仲間なんだけど、みんなと一緒に遊ぶし、一人で行けないところは車いすをみんなで押してあげてるよ。僕たちが基地と決めている公園は、噴水のところでもさえこちゃんが入れるんだよ。さえこちゃんは、みんなより冒険が好きだから、まいっちゃうよ。姫は木登りはやらないと腕組みをして待ってるけれど、見張りの山は登るって言うからね。でも、公園のお兄さんに相談したら、僕らと一緒にさえこチャレンジに付き合ってくれて、大助かり。さえこちゃんもご機嫌だったねぇ。

　草っぱらの中のみんなの秘密の場所はみんなで守るし、大人には絶対見つけられないと思うよ。公園のお兄さんにもね。そりゃあ友達とけんかもするけれど、すぐに仲直りできるから大丈夫。それでないと僕らの誓いが壊れちゃうからね。みんなで冒険できる公園がいいね。あっ、ママには聞かれても何を言ったか秘密にしておいてね。さえこちゃんの冒険は絶対言っちゃだめだよ！

②もし、青年なら……

　そうだなぁ。昔のことを思い出してみると、小さい頃は公園の遊具で遊んでいたけれど、高学年になると遊具は面白くなくなった。遊具でできることは決まっているから飽きてしまったね。一人遊びはスケボーやインラインスケートがかっこ良く滑れるようになりたいと思ってた。インラインスケートはせっかくクリスマスに買ってもらったけれど、公園はやっていけないところばかり。

　近くに練習できる公園があるといいなぁと思ってた。結局、うまく滑れないままやらなくなった。みんなどこで練習してたんだろうね。

高校生になったら、ゲームセンターとかに友達とつるんで行くけれど、男子は男子、女子は女子で遊ぶことが多かったね。女子はディズニーランドやキティの話で、お互いに話が合わないしねー。俺は部活ばっかりやってたから。モテるにはサッカーと思って入ったけれど、入ったらモテることは関係なくなって、とにかく上手くなりたかった。一応レギュラーだったよ。チームはあまり強くなかったけれど。帰ってから一人で近くの公園でドリブルの練習もやったなぁ。電灯がぼんやり一つ点いた広場でひたすらボールを追っかけた。誰もいないあの夕暮れの公園は今でも忘れない。本当はやっちゃいけなかったのかもね。

　大学生になったら、彼女とかできて、デートを考えるのが楽しいけれど、小遣い少ないしたいへん！でも、いいアイデアを思いついた。金がないときは、まず公園だよ。高校の時に、俺はサッカーの練習していたけれど、デートの人がいたことを思い出したのでいろいろ調べたら公園もいろいろあって、スポーツを見に行くことや、美術館なんて格調高いでしょ。それなら小遣い範囲で行けるし、健全感もあるし。欲しいのは、飯食べるとことか。ファミレスじゃ高校生みたいだし、だからといってへんにしゃれてると、敷居が高くて入りづらい。こじゃれたワゴンのセルフなんか公園ならムードもあるからいいと思うよ。

　安けりゃそれに越したことはないよね。ただ、彼女がおしゃれして、ヒールを履いてきたりすると、あまり歩くとくたびれるから、二人乗りのカートみたいなのがあると、ムードもあっていいよね。それが用意できたら結構気が利くヤツでしょ。ポイント高いんじゃない？デートは公園がお薦め。

③もし、お腹に子どもがいる小さい子のママなら……

　今、保育園は、十分な広場を園内にもつ施設がなかなかありません。元気に遊ばせ、夜はぐっすり眠れる状態がいいと思っているので、子どもをしっかり遊ばせてくださる保育園を探しています。森の保育園というのをご存じでしょうか。施設はなくても、リュックを背負って、森の中で遊ぶことが中心の保育園。特別な施設はありません。先生は、子どもの自由意志を尊重し、危険の回避だけに注意してくださり、その他は子どもが自由に行動するのですが、子どもたちもその状況に馴れてくると、自ずと自分の行動規範ができる様子です。

都会にはなかなか自然の森がないということもあるでしょうが、大きな公園は、森のような場所がありますし、遊具もありますから、公園を管理する方々に協力していただいて、子どもがどんな場所でも怖がらず、遊びや自由行動にチャレンジして危ない場所は察知できるような子になってほしい。また、お友達が困っていたら、少しでも自分から助けてあげようと思うような気持ちをもってほしい。自然の中ならそんなこともあるでしょうし、野性的な子どもになるような保育をしていただけるといいなぁと思っています。

　お腹に子どもがいると、上の子の体力に合った遊びに付き合ってやれませんが、それでも、時間があれば公園で過ごす時間は、自分にとっても子どもにとっても楽しい時間です。散歩して、ゆっくり公園を巡るだけでも、気分が変わります。室内で子どもが散らかしたおもちゃにイライラしている時は、まず散歩と心掛け、出かけようと思うことにしています。今は産休で、自宅ワークをしていますが、家に閉じこもっているよりも、気持ちが晴ればれし、切り換えができるので仕事も捗ります。ちょっとしたお昼が食べられたりするともっと長く公園にいられるねとお友達と話しています。もちろん、気持ちのいい休憩所があれば、カフェで仕事をするようにベビーバギーにパソコンを入れて、公園で仕事ができるといいなぁなんて思います。ごめんなさい。勝手な理想を言ってしまいました。

④もし、外国からの訪問者なら……

　私はニューヨークから日本へ赴任して2年になります。私の住んでいる街は、歴史的な街なので、静かで美しく、街全体が公園のようです。朝は犬と公園を散歩しますが、早朝は犬の散歩の人が多く、犬を通してお友達ができきます。ドッグランもあります。ちょっと狭いですけれど、それでもリードを外して、おもいっきり走れるのはいいですね。みなさん、マナーがよくて糞が落ちていることはありません。

　夏休みは公園で子どもたちがラジオ体操という体操を毎日しています。お休みでも朝寝坊しないことと、体操で朝の目覚めを促す習慣のようです。犬の散歩の時に私と主人も体操を覚えました。

　残念なことは、歴史的な場所や公園には、英語の看板があるのですが、ほとんどが単語だけです。公園の中に、誰でもわかる街の歴史資料を集めた施設と丁寧に解説した英語のガイドブック、公園だけでなく街の地図が

あるともっと街のことがわかるのに残念に思います。チラシは英語版もあるのですが、私たちは長く住んでいるからもっと詳しいことが知りたいのです。観光で訪れる人はチラシでいいのですが、住んでいる外国人にはものたりません。私がもっと勉強したら英語のガイドボランティアができるのにと思っています。街の歴史や文化が、コンパクトにディープにまとまっていると、もっと好きになると思います。役所に資料があるのではとお友達は言うのですが、公園の中にそんな場所が欲しいのです。公園は人の集まるところですから、公園だけの情報じゃなく、周りの情報もあると行動が広がります。たまたま公園を見つける人だっているでしょ。そして、そこにいろいろ知ることのできる場所があったら、毎日通いますね。役所には毎日通いたくありません。リラックスのムードがありませんから。

　それから公園にカフェがあると時々お茶をいただきながら、ぼんやり美しい景色を眺められていいですね。私のお気に入りの公園は、とくに雨の日がしっとりと緑がきれいで好きです。

　人も少ないので自分だけのゴージャスな場所になります。東京の美術館や博物館にはおしゃれなカフェがありますが、地方都市にはそこまでの施設整備やガイドのシステムがないのがとても残念です。でも、この田舎の歴史の魅力がいっぱいの場所がとっても気に入っています。ずっと住んでもいいと思っています。

　あっ、一つ質問です。公園だけじゃないことなんですけれど、いいですか？視覚障害者誘導ブロックというのは、なぜ黄色なのですか？とても唐突な感じを受けます。黄色は目立つ色だからと聞いていますが、そもそも目の不自由な方は、黄色でも見えないでしょ。弱視の人は黄色であるよりも周辺とのコントラストが重要だし……。設置方法が直線ですから馴染まない場所もありますねぇ。美しくない。日本らしくありません。プツプツの突起は友人がベビーバギーの小さい車輪がひっかかって、押しにくいと言ってました。車いすの方はどうでしょう。小さい前輪がひっかかりそうだし、お年寄りは足先がひっかかる人もいるんじゃないですか？あれは日本の不思議の一つです！

⑤もし、聴覚に障害をもつ人なら……

　私は聴覚が生まれつき欠落して育ちました。でも私を見ても誰も障害が

あるということに気づきません。それが、車いすの方や視覚障害の方と違うところです。気づかれないのは、痛し痒しのところがあります。私は背後からアプローチされると緊張しますね。

　公園ではとくに困る状況はありませんが、一度トイレの鍵が壊れて閉じ込められた経験があります。非常ボタンを押したので、どなたかが外から声をかけてくださったらしいのですが、私は声が出ないので中から戸をたたき、なんとか居ることを知らせて開けていただきました。それからはもし閉じ込められたらとか、緊急自体の時には、などを想像するといささか不安があります。私の場合はそんな時に、目に見える信号のような仕組みや、同時にホームページで公園自体の緊急速報の対応をしてくだされば、スマホでアクセスできます。体力は人並みにありますから、知るか知らないかだけが重要です。

　車いすの人や視覚障害の人は、公園での誘導方法をいろいろ作ってあげるといいのではと思います。それは、緊急の時ではなく、「遊びのコンシェルジュ」なんていうのがあるといいかなぁと思います。生まれつきの障害でない人は、障害を負った時点でまず打ちひしがれるし、外出は不安ですからあまり積極的にはなれないでしょう。個人差はありますが障害を受け入れ、その状態で生活をすることを受け入れるには時間を要すると思います。

　そんな時に、同じように障害をもつ人が公園での遊び方というか、体を動かすことを教えてくだされば、どんなに安心して公園に出かけられるかと想像します。年齢や体力もさまざまですからねぇ。でも体力や嗜好に応じて、いろいろな遊び方ができるようになれば、体力もつくし、健康度はアップすることは間違いありません。

　そしてコミュニケーションもとれるようになる。だって、私とちがっておしゃべりはできるのですから。そうすれば、いざの時は、「すみません。〇〇をお願いします」と言えばいいわけです。私の場合は、今はスマホがあるので、文字が簡単に表現できますから便利な時代になりました。そんな人たちが、公園での楽しみ方を知れば、障害者の人々が「遊びのコンシェルジュ」もできるようになる。仕事になればいうことはありません。そうすれば、障害児をもつお母さんたちはうれしいでしょうね。親は子どもを危ない目に合わせたくないですから、安全に、安全にと、なかなか冒険ができないと思います。

　しかし、他のお子さんたちと同じように遊びながら、自分の事情を受け入れることもできるようになれば親も安心できる。障害をもっておられる遊びの達人の大人が、遊びを教えてくださり、子どもは勇気をもってチャレンジできれば、自分だけではないという心構えも自ずとできると思いますから。そん

な方々が公園にいてくださると、防災訓練なんか一番効果がありますね。みなさんの不具合を知って、誘導方法が指示できますから。そんな人がいる公園があったらいいですねぇ。そんな公園があれば、もう一度子どもに返りたいなぁと思います。

⑥もし、車いすのアスリートなら……

　オートバイで雨の日に転倒し、運悪く脊椎をやられてしまいました。ヤンチャだったので、立ち直れないほどのショックでしたが、やはりヤンチャな同じ状況の先輩の進めで、オートバイから車いすに乗るものをチェンジし、車いすマラソンを始めたのは、何年前になるかなぁ。正直、今はノッてるんで、いつでも練習できる場所が欲しいですよ。

　車いすマラソンは、競技は道路でやりますが、その時は交通規制した場所ですからね。日常の練習は、車走行にも迷惑になるかもと思うとなかなかずうずうしく道路で走れません。自分の安全もありますし。またけがをしたくないですからね。陸上競技場でもいいのですが、フラットですからね。マラソンコースは相当のアップダウンがありますから、できればアップダウンのある場所で、思う存分スピードを試して練習したいんですよ。でかい公園は、ランニングコースはありますけれどね。サイクリングコースのある公園で、なんとか練習時間をつくってもらえないですかねぇ。道路のように排気ガスで苦しむこともなし、安心して走れるしねぇ。

　マラソンだけじゃなくて、スポーツの基礎トレーニングはどんな種目でも必要ですからね。そんなに長時間でなくてもいいので、継続的に練習時間を開放してくださると理想的だなぁ。

⑦もし、高齢者なら……

　元気なつもりだった私も80を過ぎると、さすがに綻びがいろいろ出てきました。家内をなくて一人暮らしですが、それでも、まぁ他人さまに迷惑をかけないで生きているのが、幸運だと思っています。年寄りってのは、全身障害といってもいいくらいですよ。耳は遠くなる。目も小さいものは見えづらい。膝が弱ってくりゃ長く歩くことや、道のでこぼこもわからずに、つまずいたりす

るんだから。それでいて歳とともにせっかちになるんだからいやんなっちゃうんだけどね。
　毎日、ちょっと時間をかけて行く公園があってねぇ。それが自分の健康のためでもあり、楽しみでもありですよ。子どもやら若いカップルやら、まぁ、にぎやか。それを見てると元気が出るから、いいの。それに、怪しいヤツがいないかと見ているのよ。不穏な目つきのヤツはすぐわかるから睨んでやると、不機嫌そうなじいさんがいれば、そそくさと退散するからね。とくに小さい子がいる場所は気をつけてみてるのよ。昨今、いやな事件も多いからねぇ。私はウォーキングしていますよ。40分くらいかなぁ。あの公園は、なんだか高いところもあって、登ると以前はふうふう言ってたけれど、今は平気ですよ。
　2軒向うのばあさんが、「あの公園は不親切だ」と言うもんだから「なんでだい」と聞いたら、「だって園路ががたがたのところとか、手すりがだんだん高くなったりして、危ないったらないんだから」というんでね「何言ってんだい。あれは、わざと歩きにくい場所を作って、リハビリテーションってヤツができるようになってるの。手すりも曲がった腰を伸ばすのさ。なんも分かってないねぇ。そんなことじゃ早く歳とるよ」って言ってやったのよ。まったく優しいだけが親切じゃないってんだよ。いやね。歳をとっても、かっこいいじいさんでいなきゃあ若いヤツに嫌われるからね。年寄りくさいのは願い下げだよ。
　ところでさ、私は大工を長いことやって、腕はまだ確か。友達は左官屋も屋根屋もいるのよ。なんか役にたたないかねぇ。その代わりといっちゃなんだが、飯づくりは未だに苦手。コンビニも便利だけど飽きるしねぇ。公園の中に飯食わしてくれるところを作ってくれるとありがたいねぇ。そんなヤツはいっぱいいるから、お互いの助け合いができると、年寄りは張り切ると思うがね。一つ考えてみちゃあくれないかね。

　こんな瞑想の数々。あなたも公園をゆっくり散歩しながら、歳とともにもっとすてきな公園遊びをイメージしてください。これも公園での楽しみ方の一つになりませんか。そして一つでも実現できたら……。

2章

福祉政策から
ユニバーサルデザイン社会の誕生へ

私たちが外来語や頭字語を読み解く場合、現在ではインターネットの発達によって簡単に検索ができるようになりました。

　それ以前は、文章に新しい概念の外来語を用いた表現をする場合、一般の人に意味がわかるよう資料編として言葉の解説頁を作成した時期もありました。言葉に限らず、新しいテーマや概念を学ぶために、図書館や本屋で最も理解を深める書籍に巡り合うことは仕事のなかの作業でもありますが、仕事以上に楽しい時間の一つです。ストレートに一つの言語を知るのではなく、その周辺領域のさまざまな事項を知ることで、多くのプラスアルファが得られる作業は、一見、効率は悪いのですが、イメージを膨らまし、理解を深く掘り下げる楽しい作業であるように感じます。

　そこで、「ユニバーサルデザイン」や「バリアフリー」の言葉の意味を解説するだけでなく、その由来などを紐解き、本題に進みましょう。

1　歴史からみた障害者への対応

　ユニバーサルデザインやバリアフリーデザインは、「デザイン」という言葉が付きますから一見、造形分野の用語のようにも感じられます。もちろん、狭義には造形の意味をもちますが、ノーマライゼーションやリハビリテーション等を含め、これらの言語は人権や福祉の分野からスタートした言葉です。

　それでは我が国の福祉等はどのような経緯を辿り、このような多くの外来語が通常となった今日に至るのでしょうか。

　大きな変化は、世界大戦の終焉とともにあったようですから、終戦の昭和20年以前と以後に分けて、まず障害と福祉の歴史を概観してみることにします。

1.1　古事記から第二次大戦まで

　終戦以前、我が国の障害の歴史についていろいろな資料をみますと、古くは縄文時代の古墳から、明らかに障害者と推定される骨が発掘されているようです。医学が発達した現在であっても800万人以上の人が何らかの障害をもって生活している（表2-2）のですから、その昔に、出産時からの先天性の障害、また誕生後になんらかの疾病等による後天性の障害が多くあったであろうことは、十分に推測されることです。このような障害

の例が多くあったからでしょうか、712年に完成した日本最古の歴史書である古事記には、神話である国づくりの始めに障害の子の誕生に関する記載がみられます。イザナギ、イザナミが国づくりの際、最初に生んだ子は「水蛭子（みずひるこ）」と記述されています。田んぼ等にいる蛭のようにグニャグニャした状態の子を意味し、この子は葦を編んだ舟で流したと記されています。

　これでは救いようがない物語なのですが、「蛭子」は別の読み方をすると「えびす」と読みます。後にえびす様（ひるこのかみ）は、家内に繁栄をもたらす神、商売繁盛の神として七福神の一角に位置づけられます。この意味は、各種の障害をもつ子は福を運び、その家は繁栄するという言い伝え、障害者を支える家族の結集が、家の福となるという逸話となったようです。

　福祉事始めとしては、初めての女性の天皇の推古天皇に摂政を任じられた聖徳太子が593年に建立した四天王寺にまつわる四箇院（しかいん）制度です。敬田院（きょうでんいん）は寺、施薬院（せやくいん）は薬草園、薬局、療病院（りょうびょういん）は病院、そして悲田院（ひでんいん）は病人や身寄りのない老人を保護する場所だったと解説されています。国家のあるべき基本として法律はもとより、これらの施設整備に着手した聖徳太子の総合的な手腕には生まれながらの才能を感じずにはいられません。

　また、特筆すべきは、奈良時代に盲人とハンセン氏病の記述があり、当時の律令制度には、障害者がいる家には税や労働の減免措置が決められていたようです。光明皇后がハンセン氏病の罹患者の看病をしたことや、養老施設、医療施設が作られたことが伝えられています。このような国家としての支援体制のしくみは、以降、戦後まで出てきません。

　平安時代は、歌舞音曲が宮中の儀式のためのものだけでなくなり、貴族も生活の楽しみとします。そのようななかで琵琶の演奏等に秀でた天皇の子が目を患い、盲目の人を集めて琵琶や歌謡を教え、教わった人は側近として仕えていました。彼らは、主の死後も盲官という地位を得て、これが後に検校制度に結びついていきます。

　やがて、歌舞音曲は貴族だけではなく、庶民にも広がっていきます。

　神社の境内などで芸を見せる傀儡（くぐつ）という集団が登場します。くぐつは人形使いを意味しますが、それに曲芸、踊り、琵琶、笛、太鼓などの演奏家などが集団となり、芸を身につけた障害者や、障害による肉体の変形を見せ物として、この集団に混じり、生活の糧を得ていました。この一

座が各地を移動し、旅芸人となって庶民を楽しませていました。これらは、後に能、歌舞伎、人形浄瑠璃などへと洗練され、我が国を代表する芸能文化となっていきますが、一方、旅回り一座による見せ物小屋は昭和の時代まで続いていきます。

鎌倉・室町時代には、仏教思想が浸透し、悪い原因を作れば、悪い結果をもたらすという因果応報の考えが、障害を「悪い結果」と位置づけ、家系としての責めの対象としました。したがって障害者を家内に秘めるという生活状況が生まれたわけです。

> **恤救規則（じゅっきゅうきそく）**
>
> 豆知識　明治政府が生活困窮者の公的救済を目的として、日本で初めて統一的な基準をもって発布した救貧法。当時の窮民には、寡婦、孤独老人、孤児、障害者、重病者といった生計維持困難者の他に、農村部と都市部にそれぞれ多数の貧困者がいたが、多くは貧農の救済であった。救済対象者は極貧者、老衰者、重度の障害者、孤児等で、救済方法は米代を支給した。

戦国時代は、戦いの時代ですから、身体的な障害や肉体的な疾病をもちながらも活躍する武将はたくさんいました。山本勘助、黒田官兵衛、大谷吉継らは今に伝えられる代表といえます。

このように体力が重要だった武士の時代にあって、肉体的にハンディのある庶民の障害者は、日常生活をするにも表立つことはなかなか困難でしたが、唯一クローズアップされるのが、前述の盲目の楽曲師たちです。盲官とよばれる特定の盲人には、検校・勾当・座頭などの階級による保護制度があったようです。

江戸時代は、9代将軍家重と13代将軍家定が病弱であり、脳性麻痺の兆候がみられたともいわれていますが、障害者の保護政策を打ち出していません。唯一、検校制度は健在で、当道座（とうどうざ）といわれる盲人団体は、音曲、鍼、按摩等の職業訓練や、高利貸しなどで利益を得る特権階級の集団でもありました。この制度は明治4年に廃止となります。庶民の生活では、やはり見せ物として辛い生活を送る人や、早世する人が大半だったといえるでしょう。

1871（明治4）年に廃藩置県がなされた後、一般的な窮民対策としての「恤救規則（じゅっきゅうきそく）」（明治7年）や「救護法」（昭和4年）のなかで障害者が救貧の対象とされるか、あるいは精神障害者に対しては「路上の狂癲（きょうてん）人の取扱いに関する行政警察規則」（明治8年）等に表れているように治安・取締りの対象でしかありませんでした。

そのようななか、1875（明治8）年には、京都に日本最初の公立精神病院である京都癲狂院（きょうとてんきょういん）創立。1878（明治11）年に日本最初の視覚障害教育及び聴覚障害教育の機関である京都盲唖院が創立。1921（大正10）年、東京小石川に肢体不自由児を対象とした施設、柏学園創

立。そして1923(大正12)年、盲学校、聾学校が義務化されます。

このように、個別の障害者施策による保護も存在はしたのですが、大前提は現在も続く「家族依存」であり、それ以外の障害者に対する保護はもっぱら民間の篤志家、宗教家、社会事業者の手に委ねられていたと言っても過言ではありません。国家の施策の対象は軍事扶助法(1917(大正6)年制定)などにより、ほぼ傷痍軍人に限られた状態でした。

やがて長く続いた戦争は終ります。

1.2 福祉三法と世界の流れ

昭和20年代から30年代にかけて、各国は世界大戦によって多くの負傷者を出したことから、これらの負傷者救済が福祉政策のムーブメントを作ったようです。

我が国も例外ではなく、昭和20年代には生活困窮者の救済のための「生活保護法(1946(昭和21)年)」、戦災孤児などの保護のための「児童福祉法(1947(昭和22)年)」、そして、戦争で負傷した人のための「身体障害者福祉法(1949(昭和24)年)」の福祉三法が制定されます。

同じ頃の1946年(昭和21)年、スウェーデンの社会庁の報告書にノーマライゼーションの原理が明示され、北欧での福祉施策の源流となって発展していきます。

また、盲聾唖の障害を背負いながらも大学で学業を修め、教育家、社会福祉活動家、著作家となって、生涯に渡り、幅広い活動をしたヘレン・ケラーは、日本には3回来訪しています。とくに戦後間もない2回目の来日の1948(昭和23)年には全国で講演し、我が国の国民を勇気づけたと言われています。

1950年に始まった朝鮮戦争によってわが国は経済に弾みがつくことになり、1952(昭和27)年、講和条約、日米地位協定の締結、日本の主権回復。そしてGHQの占領が終わります。

1955(昭和30)年には東京で「第1回アジア盲人福祉会議」が開催されています。

また、昭和30年代は、障害児の学校教育に力が注がれた時代でもあります。1953(昭和28)年には「盲学校、ろう学校及び養護学校への就学奨励に関する法律」が公布されます。

ノーマライゼーション

豆知識

「社会で日々を過ごす一人の人間として、障害者の生活状態が、障害のない人の生活状態と同じであることは、障害者の権利である。障害者は、可能な限り同じ条件のもとに置かれるべきであり、そのような状況を実現するための生活条件の改善が必要である」とする考え方。この提唱者は、デンマークのバンク・ミケルセンといわれていたが、1946年スウェーデンの社会庁の報告書の中で取り上げられたものが見つかった。(立教大学社会福祉ニュース2009 30号より)

表2-1　福祉等に関する法制度の歴史（戦後）

年度	国・先駆的地方自治体等（太字は国）
昭和20年代	**福祉三法「生活保護法」1946（昭和21）「児童福祉法」1947（昭和22）「身体障害者福祉法」1949（昭和24）の制定** **「社会福祉事業法」1951（昭和26）**
昭和30年代	**「身体障害者雇用促進法」「精神薄弱者福祉法」1960（昭和35）の制定** **「老人福祉法」1963（昭和38）制定**
昭和40年代	**「心身障害者対策基本法」1970（昭和45）制定** **「身体障害者福祉モデル都市設置事業」1973（昭和48）創設（厚生省）** 「身障者のための公園施設設計基準」1973策定（東京都） **「官庁営繕の身体障害者に対する暫定措置について」通知1973（昭和48）（建設省）** 「町田市の建築物等に関する福祉住環境整備要綱」1974制定（町田市） 「福祉のまちづくりのための建築物環境整備要綱」1976制定（京都市） 「福祉のまちづくり指針」1976策定（東京都） 「神戸市民の福祉をまもる条例」1977制定（神戸市）
昭和51年	「都立施設の障害者向け整備要綱」1976の策定（東京都）
昭和54年	「視覚障害者誘導ブロック設置指針」1979の策定（東京都）
昭和57年	**「老人保健法」1982の制定**
昭和63年	「東京都における福祉のまちづくり整備指針」1988の策定
平成元年	**「ゴールドプラン」1989の策定**
平成5年	**「障害者基本法」1993（「心身障害者対策基本法」の改題。一部改正）** **「障害者対策に関する新長期計画」で障壁（バリアー）の種別を記している**
平成6年	**「高齢者、身体障害者等が円滑に利用できる特定建築物の建築の促進に関する法律（ハートビル法）」1994の制定** **「新ゴールドプラン」1994の改定**
平成7年	「東京都福祉のまちづくり条例」1995の制定
平成8年	「東京都福祉のまちづくり条例施行規則」1996の制定
平成12年	**「高齢者、身体障害者等の公共交通機関を利用した移動の円滑化の促進に関する法律（交通バリアフリー法）」2000の制定**
平成14年	**「身体障害者補助犬法」2002の制定**
平成15年	**「ハートビル法」2003の改正**
平成16年	**「障害者基本法」2004の改正** **都道府県・市町村へ障害者計画策定の義務化** 「高齢者・身体障害者が利用しやすい建築物の整備に関する条例（ハートビル条例）」2004の施行（東京都）
平成17年	**「ユニバーサルデザイン政策大綱」2005の策定**
平成18年	**「高齢者、障害者等の移動等の円滑化の促進に関する法律（バリアフリー法）」及び同法施行令、施行規則、基本方針2006の制定** **「都市公園移動等円滑化基準省令」2006の公布（国土交通省）**
平成20年	**「都市公園の移動等円滑化整備ガイドライン」2008の策定**
平成21年	「東京都福祉のまちづくり条例」及び同条例施行規則2009の改正。（改正条例の理念をバリアフリーからユニバーサルデザインへ） 東京都福祉のまちづくり条例「施設整備マニュアル」の整備
平成23年	**「障害者基本法」2011の改正**
平成24年	**都市公園の移動等円滑化整備ガイドラインの整備［改訂版］2012の整備** **「障害者自立支援法」を改め「障害者総合支援法」2012を制定。（障害者の定義に難病が追加）** 「東京都立公園における移動等円滑化の基準に関する条例」2012の制定 「東京都立公園における移動等円滑化の基準に関する条例施行規則」2012の制定
平成25年	**「障害を理由とする差別の解消の推進に関する法律（障害者差別解消法）」2013の公布**
平成28年	**「障害者差別解消法」2016の施行**

1956（昭和31）年には、我が国最初の公立肢体不自由養護学校である大阪府立養護学校、愛知県立養護学校が創立されます。翌年には、知的障害者の教育機関として育った施設が東京都立青鳥養護学校と名前を新たに出発します。さらに東京教育大学や、東京学芸大学に付属の養護学校が設置されています。また、1961（昭和36）年にはNHK教育テレビで、「テレビろう学校」の放映が始まります。小学校入学前の子どもをもつ家庭向けで、当時はまだ、ろうの幼児教育が普及しておらず、言語指導の効果を立証したこの番組がきっかけとなって、全国のろう学校に幼児部が増えたそうです。

さて、その頃アメリカでは、J.F.ケネディが大統領に就任しました。就任の翌年、1961（昭和36）年に朝鮮戦争の傷痍軍人政策としてバリアフリー法案（米国建築基準法ASA）を制定しています。

スポーツ関連では、国際ろう者競技大会夏季大会が1924年にフランスで開かれました。この大会は、1967年に世界ろう者競技大会（World Games of the Deaf）に名称変更し、さらに国際オリンピック委員会（IOC）の承認を得て、2001年デフリンピック（Deaflympics）の名称となりました。デフリンピックは、4年に1度、世界規模で行われる聴覚障害者のための総合スポーツ競技大会です。

デフリンピックは、戦後は、1949（昭和24）年に第6回夏季大会がコペンハーゲンで、第1回冬季大会がオーストラリアで開催されています。ちなみに、日本が参加したのは1965（昭和40）年の第10回アメリカ夏季大会、1967（昭和42）年の第6回旧西ドイツ冬季大会からです。

1952（昭和27）年には、後のパラリンピックのもととなるストーク・マンデビル車いす競技大会が第1回国際大会（International Stoke Mandeville Wheelchair Games）となってイギリスで開催されます。日本の参加は1964（昭和39）年の第13回東京大会（第2回パラリンピック）からですので、第1回からは12年の歳月が経過しているのです。我が国としては後発のスタートでした。

このように戦後は北欧の福祉理念の提唱に続き、アメリカ、ヨーロッパ諸国が先人をきって福祉政策に着手します。わが国でもそうであったように、国のために戦争で負傷した多くの兵士が帰国後、満足に日常生活を

奇跡の人

豆知識 英名「The Miracle Worker」ウィリアム・ギブソン著。奇跡の人は原題に示されているように、奇跡を起こす働き手のお話。すなわちヘレン・ケラーのことではなく、アニー・サリバンのことを書いたものである。20歳の時、ヘレン・ケラーの家庭教師になったサリバン先生は、子どもの頃から弱視であり、その経験を活かして、しつけ、指文字、言葉をヘレンに教えた。50年間ヘレンとともに生きた。サリバンをケラー家に紹介したのは、電話を発明したグラハム・ベルである。ベルの母と妻は聴覚障害者であり、彼が聴覚機器に関する研究をしていたことが、きっかけとなったようだ。

送れない状況に対して、何らかの支援策を講じるということは国家の責務であるということでしょう。

戦後の日本は戦災復興を果たし、昭和30年代の高度経済成長を経て、昭和40年代は福祉政策に力が注がれました。

1.3　福祉政策からバリアフリーへ

1970(昭和45)年に「心身障害者対策基本法」(1993(平成5)年「障害者基本法」に改題、一部改正)が制定されますが、同年、九州労災病院の天児民和院長によってゴールド・スミスの著作「Designing for the Disabled(障害者のためのデザイン)」の一部が翻訳され、わが国で初めて[バリアフリー＝障害をもった人が生活するうえでの障壁を取り除く]という言葉が紹介されることになります。このように諸外国からの学びは、日本語で説明的に訳すよりも考え方がストレートに伝わる英語のまま使われたのかもしれません。当時は画期的であったこの言葉は、今日のバリアフリー法に至るまで用いられることになりますが、障害をもった人という限定的な考え方が今となってはすでにバリアであるということになります。そして、こういった考え方は後のユニバーサルデザインへと発展していきます。

さて、わが国は高度成長のピークを迎え、国の政策は社会保障の充実へとシフトします。

1973(昭和48)年は「身体障害者福祉モデル都市設置事業(旧厚生省)」が創設され、「官庁営繕の身体障害者に対する暫定措置について(旧建設省)」などの通知が出され、中央省庁や公共空間では段差解消のためのスロープ化や、自動ドアの整備が着手されます。

このような動きにより1973年は福祉元年と呼ばれています。そしてバリアフリー化の端緒となったような、わが国で「はじめて」の事柄がた

プロダクトの「はじめて」

- 豆知識
- ・点字ブロックのはじめて(昭和42年)……視覚障害者誘導ブロックが日本で初めて県立岡山盲学校の横断歩道の渡り口に敷設
- ・3つのはじめて(昭和48年)……車いす用個室トイレが上野駅に設置。あわせて改札口の拡張／高田馬場駅に点字運賃表設置／中央線にシルバーシート登場
- ・車いす用リフトのはじめて(昭和54年)……旧科学技術庁庁舎に車いす用のステップリフト設置
- ・ノンステップバスのはじめて(昭和60年)……三菱ふそうトラックが本格的なノンステップバスを試作
- ・低床電車のはじめて(平成10年)……熊本市交通局で9700系

くさん実行されます。その後日本では建築物や道路、鉄道などのバリアフリー化が進むことになります。

特筆すべきは東京都では1973(昭和48)年に「身障者のための公園施設設計基準」が策定されます。都市公園整備五カ年計画の第一次閣議決定が1972年ですから、都市公園整備に伴い、身障者のための設計基準を策定したことは行政の取組みとして画期的であったといえるのではないでしょうか。

1974(昭和49)年には国連障害者生活環境専門家会議で、「バリアフリーデザイン」が報告書として作成され、以降、バリアフリーの言葉が少しずつ知られる契機となります。

アメリカでは1990(平成2)年に、障害をもつアメリカ人法、通称ADA(Americans with Disabilities Act)が制定されます。障害のある人が利用しにくい施設を「差別的」と位置づけ、雇用の機会均等と、製品やサービスへのアクセス権を保障した法律です。

日本では、1995(平成7)年版の障害者白書にサブタイトル「バリアフリー社会をめざして」が掲げられました。この白書の中で、障害を取り巻く4つの障壁(バリア)が最初に解説されています。

① 物理的な障壁
② 制度的な障壁
③ 文化・情報面の障壁
④ 意識上の障壁

そしてこれらの障壁を取り除くことがすなわちバリアフリー社会であるということです。

福祉の取組みは戦後の傷痍軍人や戦災孤児の支援からスタートし、昭和30年代の高度成長期を経て、40年代、50年代はバリアフリーを進める時代だったといえるでしょう。

2 高齢社会の到来とバリアフリーへの対応

それでは、なぜバリアフリーへの取組みが必要だったのでしょうか。

福祉などに関する法制度の歴史を表2-1に示しましたが、これまで障害者や高齢者への政策は別々に整備されてきました。

1994(平成6)年は、通称ハートビル法制定の年です。正式名称「高齢者、

身体障害者等が円滑に利用できる特定建築物の建築の促進に関する法律」には高齢者、障害者の言葉が一緒に登場します。戦後の高度成長、ベビーブームを経て、走り続けたわが国ですが、すでに高齢社会は到来していたのです。

建築物を対象としたハートビル法から6年後の2000（平成12）年、旅客施設、車両を対象とした「高齢者、身体障害者の公共交通機関を利用した移動の円滑化の促進に関する法律（通称交通バリアフリー法）」が制定され、ここでも高齢者と障害者の言葉が一緒に登場しています。

国勢調査によると、1970（昭和45）年には、高齢人口は7.1%で高齢化に突入しており、2007（平成19）年には21.5%の超高齢社会になっていたのです。そして、2016（平成28）年は、総人口1億2,697万人、高齢者は3,449万人で27.2%を占める超高齢社会となりました。

> **ハートビル**
>
> 豆知識 heartful+building＝和製英語。一般に日本で「ハートフル（heartful）」は「心温まる」という使い方をされるが、これは和製英語であり英単語としては存在しない。英単語として意味が近いものは「heartfelt」「hearty」（心からの、親切な）などがあげられる。

> **どうちがう？高齢社会**
>
> 豆知識
> ・高齢化社会→総人口に占める65歳以上人口の割合が7%を超える。
> ・高齢社会→総人口に占める65歳以上人口の割合が14%を超える。
> ・超高齢社会→総人口に占める65歳以上人口の割合が21%を超える。

2.1 長寿社会でふえる障害者

超高齢社会には医薬の進歩が大きく影響しています。医薬によって人が簡単に死ななくなったというのがわかりやすいかと思います。

まず、乳児死亡率が低下しました。このことは、先天的な障害をもつ子が生き長らえるという状況が増えました。また、戦争で大きなけがをした多くの人や、死病といわれた結核などは、抗生物質によって命が救われ死亡率が低下しました。さらに成人病、とくに脳血管疾患の死亡率が改善されましたが、このことは中高年の肢体不自由者が増えることに繋がっています。同じく、癌についても死亡率が改善されましたが、副作用、後遺症や内部障害によって日常生活がままならない人が増えています。さらに、公衆衛生の普及や、豊富な食も伴い、平均寿命の高い、現在の長寿の国となります。が、長寿社会には疾患や障害を伴う人が増えるという現実があるということです。

今後、医薬は加速度的に進歩すると考えられますが、まだまだ部分の技術に過ぎません。

平成29年版の障害者白書によりますと、表2-2に示すように障害者の総数は約859万人です。内訳をみると、在宅者は施設入所者、入院患者の17倍で、多くの障害者は、施設に入ることなく社会生活をしているという

表2-2　障害者数

単位:万人

		総数	在宅者	施設入所者
身体障害児・者	18歳未満	7.6	7.3	0.3
	18歳以上	382.1	376.6	5.5
	年齢不詳	2.5	2.5	—
	合計	392.2	386.4	5.8
知的障害児・者	18歳未満	15.9	15.2	0.7
	18歳以上	57.8	46.6	11.2
	年齢不詳	0.4	0.4	—
	合計	74.1	62.2	11.9
		総数	外来患者	入院患者
精神障害者	20歳未満	26.9	26.6	0.3
	20歳以上	365.5	334.6	30.9
	年齢不詳	1	1	0.1
	合計	392.4	361.1	31.3
	総計	858.7	809.7	49

表2-3　年齢階層別障害者数

単位:万人

	合計	17歳以下	18〜64歳	65歳以上	不詳
身体障害児・者	386.4	7.3	111	265.5	2.5
在宅(%)	100	1.9	28.8	68.7	0.6
知的障害児・者	62.2	15.2	40.8	5.8	0.4
在宅(%)	100	24.4	65.6	9.3	0.6
合計	448.6	22.5	151.9	271.3	2.9
	合計	19歳以下	20〜64歳	65歳以上	不詳
精神障害者	361.1	26.6	202.3	132.4	1
外来(%)	100	7.4	56	36.7	0.3

注1）精神障害者の数は、ICD-10の「V 精神及び行動の障害」から知的障害(精神遅滞)を除いた数に、てんかんとアルツハイマーの数を加えた患者数に対応している。また、年齢別の集計において四捨五入をしているため、合計とその内訳の合計は必ずしも一致しない。
注2）身体障害児・者の施設入所者数には、高齢者関係施設入所者は含まれていない。
注3）四捨五入で人数を出しているため、合計が一致しない場合がある。
資料)
・身体障害者……在宅者:厚生労働省「生活のしづらさなどに関する調査」(平成23年)／施設入所者:厚生労働省「社会福祉施設等調査」(平成24年)等より厚生労働省社会・援護局障害保健福祉部で作成
・知的障害者……在宅者:厚生労働省「生活のしづらさなどに関する調査」(平成23年)／施設入所者:厚生労働省「社会福祉施設等調査」(平成23年)より厚生労働省社会・援護局障害保健福祉部で作成
・精神障害者……外来患者:厚生労働省「患者調査」(平成26年)より厚生労働省社会・援護局障害保健福祉部で作成／入院患者:厚生労働省「患者調査」(平成26年)より厚生労働省社会・援護局障害保健福祉部で作成
(出典:「平成29年版障害者白書」内閣府より)

ことを示しています。また、表2-3をみると、身体障害者は、その多くが中高年であり、ベビーブーマーが高齢者となる今後は、ますますその傾向に拍車がかかるということになります。

この数値をみても日常の生活空間が誰にとっても不便なく元気に暮らせる場とすることがいかに重要であるかを考えずにはいられません。

2.2 あらゆる人を想定したユニバーサルデザインへ

「ユニバーサルデザイン」は、故ロナルド・メイス氏(1941-1998)が1985年に提唱した概念です。「すべての年齢や能力の人々に対し、可能な限り最大限に使いやすい製品や環境のデザイン」と説明されています。彼は建築家であり工業デザイナーであり、そして車いすユーザーでしたので、自身の専門性を生活に投影した概念であろうと考えられます。

この概念を踏襲し、わが国においては、「どこでも、だれでも、自由に、使いやすく」というテーマを掲げて、2005(平成17)年に国土交通省は「ユニバーサルデザイン政策大綱」を策定しました。同大綱は「今後、身体的状況、年齢、国籍などを問わず、可能な限り全ての人が、人格と個性を尊重され、自由に社会に参画し、いきいきと安全で豊かに暮らせるよう、生活環境や連続した移動環境をハード・ソフトの両面から継続して整備・改善し

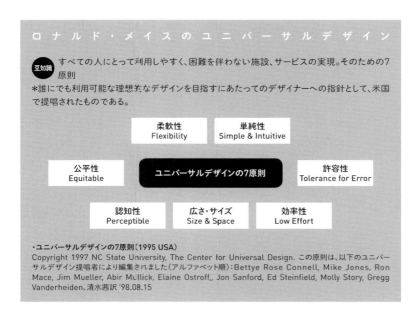

・ユニバーサルデザインの7原則(1995 USA)
Copyright 1997 NC State University, The Center for Universal Design. この原則は、以下のユニバーサルデザイン提唱者により編集されました(アルファベット順):Bettye Rose Connell, Mike Jones, Ron Mace, Jim Mueller, Abir Mullick, Elaine Ostroff,, Jon Sanford, Ed Steinfield, Molly Story, Gregg Vanderheiden、清水茜訳 '98.08.15

ていく」という理念のもとに政策を推進していくと書かれています。この理念がわが国における「ユニバーサルデザイン」の定義と理解できます。

背景としては、これまでは高齢者や身体障害者のなかでもとくに車いす利用者を対象として、その移動制約を除去するためのバリア

平成8年11月、故ロナルド・メイス氏
サンフランシスコにて

フリー化を進めてきたため、多様な人々の利用を念頭においたとき、その対応は十分ではないという反省があります。聴覚障害者や視覚障害者などへの情報へのアクセス制約に代表される配慮不足などはその一例です。

同大綱には具体的な課題が下記のように整理してあります。

・高齢者や身体障害者等をバリアフリー化の対象とし、知的障害者、精神障害者、外国人、子ども、子ども連れ等多様な利用者を想定していない。
・施設ごとに独立してバリアフリー化に取り組まれているために、各施設の間の接続部等で連続性が確保されていなかったり、旅客施設を中心とした生活圏の一部のみにバリアフリー化の取組みが留まっている。
・ハード面（施設整備）での施設のバリアフリー化に重点がおかれ、ハード整備とソフト整備を総合的に捉えて支援する仕組みにはなっておらず、情報提供の取組みや心のバリアフリーも不十分である。
・新築については義務付け等によりバリアフリー化が進められ、また、大部分を占める既存施設についても一定の進捗は見られるものの、全体として取組みは十分でない。
・公共交通においては、異なる事業者間の接続や情報提供について必ずしも十分な対応がなされていない、公共交通サービスの新たな展開に対し従来の政策の枠組みのみでは必ずしも有効な受け皿足り得ていない。
・まちづくりでは、中心市街地の衰退や住宅地の遠隔化など、生活者が必要とするサービスの確保が困難であったり、災害に脆弱な状況が現れている。
・施策を進めるに当たって、様々な観点から段階的かつ継続的に取組みを進めるプロセスは必ずしも確立されてはいない。

以上のような課題から、これを具現化するために、翌2006（平成18）年

には「高齢者、障害者等の移動等の円滑化の促進に関する法律(通称バリアフリー法)」施行及び同法施行令、施行規則、基本方針が規定されます。この法律は図に示したように、大綱の理念を踏襲して交通バリアフリー法とハートビル法を総合化したものです。

そしてバリアフリー法には対象となるインフラストラクチャーに公園が明示されました。次いで公園整備の基準とガイドラインが策定され、さらに2012(平成24)年にはガイドラインの改訂が行われています。

ユニバーサルデザインの定義は大綱に示されたとおりですが、実行することは容易なことではありません。身体的な障害をもつ人と、視覚的な障害をもつ人、聴覚的な障害をもつ人、妊婦さん、言語が異なる外国の人

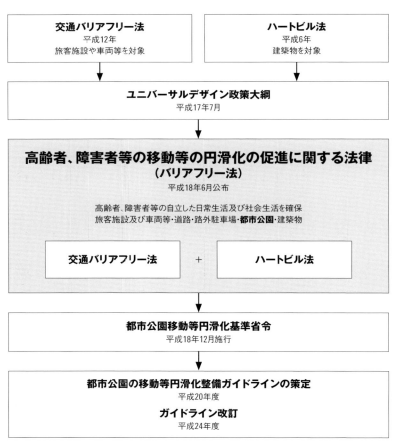

図2-1　バリアフリーからユニバーサルデザインへ

は、それぞれの不足の事情が異なるのです。個人の住宅などでは、障害をもつ人を中心にその家族にとって使い勝手のよいものにすれば良いのですが、公共空間は不特定多数の人が利用する空間なのですから。

しかも、身体障害という種別一つをとっても、状態はさまざまですし、体力や年齢によっても大きな差があります。したがって法律と基準に決められた事項というのは、多くの人たちのために配慮した最大公約数と理解すればいいのではないでしょうか。

そして最大公約数も時代の状況やニーズによって変わってきますから、今がベストであるものも、その価値は変わってくることが想定されますので、仕事としてユニバーサルデザインに携わる人は、時代性を把握し、仕事の内容も基準のみに捕らわれることなく、継続的に向上していくことが望まれます。

そこで、対象となる主な人たちの状況を知るために、障害等の状態とはどのようなことかを考えてみたいと思います。

3 「情けは人のためならず」あなたもいつか高齢者

人は誰もが歳をとります。それは障害をもつ人も、健常者も同じことです。高齢の人を想像してみてください。元気の差はあっても、体力、機能低下は訪れます。さらに、多くの場合、若い頃のような回復力がありませんから、一つの疾病がきっかけとなり、不具合な部分が増え、それがきっかけで転倒したりすれば障害の部分が一つ、また一つ、とプラスされることが想定されます。早いか遅いかの差こそあれ、障害は他人事ではありません。老若男女を問わず、一人一人が加齢に伴い自分の身に起こることとして、ユニバーサルデザインの社会を考えていただきたいのです。

3.1 活躍する障害者と変わってきた「まちの風景」

障害のある人たちは、かつて社会から特別視されたり、また支援施設や授産施設も、街の中心から離れた場所へ設置され、社会から隔離された特殊なコロニーのような状況がありました。高齢者施設も同じようなものです。広い敷地の確保が街の中心地では困難なこともありますが、住民を説得することの困難さも手伝っていたことは否めません。

しかし、今はといえば、表2-2、表2-3でもわかるように、多くの人は自

宅で生活しており、自走式の車いすに乗り、一人で外歩きをする高齢の人、白杖を持って一人歩きをする視覚障害の人、デフリンピック、パラリンピックなどのスポーツ大会で躍動するアスリートたち、自らの障害を経験として多くの人の理解を得ようと積極的に発言をするエッセイスト、絵、書、音楽を仕事にするアーティスト、ユニバーサルの多様な着眼点でハード、ソフトを開発する企業家などと活力に満ちる時代となりました。彼らの勇気と努力によって「まちの風景」は確実に変わってきています。すなわち、障害者であっても、高齢者であっても、いわゆる健常者であっても時代の状況はさまざまですが、そのなかで当事者たちは、自分の事情を受け止め、不都合や不具合は感じたとしても、その状況に対応して果敢に生活しているのです。

そして国連で採択された「障害者の権利に関する条約」を受けて、2012（平成24）年には「障害者自立支援法」を「障害者総合支援法」に改め、障害者の定義に難病が加えられました。さらに2013（平成25）年には「障害を理由とする差別の解消の推進に関する法律（障害者差別解消法）」の公布がされました。

障害者差別解消法の総則第一条の目的には「この法律は、障害者基本法（昭和四十五年法律第八一四号［平成五年改題］）の基本的な理念にのっとり、全ての障害者が、障害者でない者と等しく、基本的人権を享有する個人としてその尊厳が重んぜられ、その尊厳にふさわしい生活を保障される権利を有することを踏まえ、障害を理由とする差別の解消の推進に関する基本的な事項、行政機関等及び事業者における障害を理由とする差別を解消するための措置等を定めることにより、障害を理由とする差別の解消を推進し、もって全ての国民が、障害の有無によって分け隔てられることなく、相互に人格と個性を尊重し合いながら共生する社会の実現に資することを目的とする」と書かれています。

誰にとっても完成された社会などはないと思いますが、国は各種の障害をもつ人の人権を保障し、個人は肉体的、精神的な自分の状態を自らが受け入れたうえで自分らしい生き方、生活ができることが重要だということではないでしょうか。

障害者の権利に関する条約（障害者権利条約）

豆知識　同条約は、障害者の人権及び基本的自由の享有を確保し、障害者の固有の尊厳の尊重を促進することを目的として、障害者の権利の実現のための措置等について定めた条約。2006年12月13日に国連総会において採択され、2008年5月に発効した。我が国は2007年9月28日に、外務大臣がこの条約に署名し、2014年1月20日に、批准書を寄託、同年2月に我が国について効力を発生した。
障害者差別解消法は障害者権利条約の国内対応法である。

3.2 クオリティ オブ ライフの獲得に向けて

そのために、リハビリテーションの考え方と技術の向上を知ることも必要です。リハビリテーションは体の機能回復のための技術だと理解されがちですが、語源は、ラテン語で、re（再び）+ habilis（適した）、すなわち「再び適した状態になること」、また「権利の回復、復権」の意味もあり、人権回復に繋がる言葉であることを理解したいものです。

各種の疾患者となった後は、病院では上記の考え方のもと、リハビリテーション技術をもって早期にかつ積極的な心身の回復を目指します。しかしその努力で取り戻した能力は、自宅に帰ると持続ができなくなり、リハビリテーション前の能力より低下し、さらには心身が疲弊してやがて外に出なくなるということが多くあるそうです。

この状況はリハビリテーションの考え方に相反するものであり、自分らしい生活の質、すなわちクオリティオブライフを実現できません。

長いこと高齢者の健康に取り組んでおられる筑波大学の田中喜代次教授は、健康加齢を「健幸華齢」と言い換えて次のようなメッセージを広げておられます。

・あらゆる人たちへのメッセージ
　「どこか具合が悪い」のは「生きている証」であり、標準である。
・医療専門職（コメディカル）へのメッセージ
　「人に優しく寄り添うこと」が本務である。
・医師・医学者へのメッセージ
　「自然な老いのプロセス」を「病の兆候」にすり替えない。「死への進行」を「病」にすり替えない。

そして、健康体に病が宿るのは普通のことだから、従病の精神で、病気や老化を受容しつつ、自分流のスマートな生き方、暮らし方をすれば、老化速度は抑制できると言っておられます。高齢者の状況に合わせたスポーツ指導を長年手がけ、元気な人たちのデータ知見から得た先生の哲学です。

病は高齢だからなるものでなく、子どもも若い人も罹ります。そして短時間で回復する場合もあれば、幸か不幸か長い時間の治療を必要とする場合もありますが、この田中教授の示唆に富むメッセージは誰にでも必要な考え方であり、クオリティオブライフを獲得するための

リハビリテーション

豆知識　第一に哲学、第二に目標、第三に技術、とレオニド・メイヨーは言ったが、すなわち人権、社会復帰、リハビリテーション技術の三位一体がリハビリテーションである。
（砂原茂一「リハビリテーション」より）

Quality of Life = QOL　キニー・オー・エル

豆知識　物理的な豊かさやサービスの量、個々の身辺自立だけでなく、精神面を含めた生活全体の豊かさを得て自己実現を行う暮らし

基軸になると思います。

4 クオリティ オブ ライフの充実に欠かせない公園の役割

　それではクオリティオブライフを実現することを目指した時、公園は生活のなかにある空間としてどんな役割が果せるのでしょうか。

4.1　人間の健康感と五感

　健康だ、今日も元気だ、と感じる日と、今日はちょっと気分がすぐれないと思う日は誰でも体験する感覚だと思います。肉体的な事情と精神的な事情、両方の事情で気分がすぐれない時には、病気ではないまでも、外出する気分にもならない場合があります。そして体を動かすことなく、室内に長くいる状態が続くと、食欲が衰え、何を食べても美味しく感じない。味覚が鈍った状態では食事が苦痛になる状況さえあります。反対に、睡眠が十分で目覚めがよく、体を動かしたいという衝動があり、一歩外に出ると空気感が清々しく、今日も元気だと感じる「心地良さ」。こんな気持ちがあれば健康感が高いといえるのではないでしょうか。

　大脳生理学者の大島清京都大学名誉教授は、

> 脳というのは筋肉を動かす神経の集まりであり、体を動かすことで、脳は刺激を受け、快感物質「ベータ・エンドルフィン」で満たされる。また、脳に刺激を与えるためには、大きな筋肉を動かすことが効率良く、下肢の筋肉を大きく動かすウォーキングは脳を覚醒させるのにぴったりである。歩くとき、脳は「体全体のバランスはとれているか」「接地面は安全か」「勾配はどうなっているか」「気温の変化に対する準備はどうか」など瞬時に判断し、筋肉へ指令を出す。さらに、目で見、手を振ってバランスをとり、皮膚で空気の温度を感じ、花の香りを嗅ぐなど、五感をフルに使っている。したがって、姿勢を正し、しっかりと足を踏み締めて歩く。そうすることで、興奮や不快感を鎮める作用のある、脳内物質「セロトニン」が増え、爽快感が増す。ウツウツとした気分は、セロトニンの欠乏によって引き起こされることもあるので、気分が晴れないときは、ぜひ歩くことをお勧めする
>
> 　　　　　　　　　　　　　　　（https://www.athome-academy.jp/

アットホーム「教授対談シリーズ こだわりアカデミー」より)

と言われています。
　健康感と五感の関係性を誰にもわかりやすく解説しておられ、ご本人も散歩、ウォーキングを日々の日課としておられるようです。
　加えて、食べること、しゃべることも脳と血流を維持するには大事な行為だそうですよ。
　さぁ、クオリティオブライフの結論が見えたように思います。少々のストレスを刺激と位置づけ、良く動き、よくしゃべり、よく食べ、よく排出し、よく眠る。このようなライフスタイルをみんなで取り入れましょう。

4.2　五感を覚醒させ生きる力を育む公園の力

　人の五感(視覚、聴覚、臭覚、触覚、味覚)を研ぎ澄ますことは、前述の体を動かすという行為と一体として体感するものですが、その行為は自然の有り様と直結しています。そして、そんな生活に忘れてならないのが、公園の空間性です。公園に共通していえることは、都会であっても地方であっても、大なり小なりの自然要素が存在しますから、人が五感を覚醒させ、いきものとしての感覚を取り戻すには相応しい場所だといえるでしょう。コントロールされた室内から、外に出た時の解放感。温度、匂い、色、音などによって季節を感じ、服装や食が変化する生活があります。いろいろな季節のエポックを想像してみてください。春夏秋冬の織りなす色、かたち、動植物の介在、時間、気象、気温、匂い、音、それらのコントラストによって形成される風景があります。これらの事象は、誰もが、個々の感受性によって自然観を得て、折々の精神状態と相まって心象風景に刻まれるのではないでしょうか。
　安全で安心な場所は、精神の安定を得て、病気にかかりにくいといわれています。使い方によっては、公園はリハビリテーションとしての空間にもなり得ます。
　自分の体調や体力に応じて、体や脳が欲するアクティビティを実行に移せ、さらに意欲的にチャレンジし、身心が潜在的に求める自己実現の達成が可能な場所というのが公園の存在意義です。

行ってみたい公園　　　　　伊賀公一

Column

　人の色の見え方・感じ方には多様性がある。赤と緑が生まれつき同じ色に見える人は日本人では男性の約20人に1人いる。この人たちをよく知られた言葉では「色弱」（眼科では「色覚異常者」）と呼ぶ。しかし色弱の人であれそうで無い人であれ誰も自分の見ている世界の色しかわからない。人がどんな世界を見ているのかを想像することは無い。1920（大正9）年より2003年まで84年間学校において児童の色覚一斉検査が行われたが、配慮の欠けた検査を行ったこともあり、心的外傷をもつことになった「色弱」の人も多い。そうしたことから自分が「色弱」であると他人に告知する人が少ないのが現状でもある。20人に1人と言えば読者の周囲にもいくらでも居るはずなのだが実際にはあまり聞いたことが無いという人がほとんどだ。

　さて、それがどのような問題を起こすのだろうか。赤と緑が同じ色に見えると何が困るのだろうか。生活空間には色が溢れている。色は感性機能と情報伝達機能をもっており、感性機能は装飾において感情を想起させる配色である。色による情報伝達とは色差による色の見分け（判別）、または意味を感じさせる色使い（識別）などである。以前は情報伝達に色を使うためにはコストがかかり、色の指定には知識や経験が必要な専門職の範疇であった。20世紀の終わり頃からパソコンの発達により誰もが安く簡単に情報伝達の手段として印刷やディスプレイに色を使うことができるようになった。

　文字や形によって「判別・識別」をするよりも色を使って「判別・識別」をする方が遠くからでも間違えにくく大量の情報でも早く伝達できる。こういったことからどんどん色が使われるようになってきたといえる。印刷物やモバイル端末、電子機器類、街の案内なども多くの場合には便利なようにと色が使われている。

　ここで重要なのは「色の見え方はそれぞれ違う」「眼科によって色覚が異なるとされる人が男性の20人に1人いる」そして最も大事なのは「このことが知られてない」ままにデザインされていることである。人の見て

いる色の感覚がそれぞれ異なっていることを知らずに配色されたものは、色が違って見える人には「全く役に立たない」「意味が逆になってしまう」などの問題が起こることがある。決して悪意などが無くてもそのようなデザインをしてしまうことがあるのだ。

さて公園にはどのような配色の問題があるだろうか。そしてその解決策はどうすれば良くなるだろう。散歩中にふと訪れた公園で私が最初にするのは「案内図」を見て公園の内容を理解することだ。掲示板型の「案内図」の中には大抵「現在地」が書かれていて、それが赤い文字で書かれていることがほとんどだ。ところがこれは「色弱の人」には目立たない色であるため、見つけるのに非常に時間がかかる。こうした色は赤では無く「色弱の人」にもより目立つように赤橙色にすることと赤橙の吹き出し文字型にして文字は白にすることだ。掲示板だけでなくパンフレットの案内図も同様で公園内の注意喚起のために色が付けられた赤い色の文字も同様だ。

案内図の中に「散歩コース」が複数作成されているとその周り方をコースごとに色分けしていたりする。これは単色の見分けでなく複数の色の見分けになるため配慮されていない場合には5コース有っても3コースにしか見えないような事が起こる。巡回バスや交通機関の停留所を色分けで示したり、トイレの男女や、土産物屋の種別を色分けしたりしていることもよく見かける。館内の職員が自主的に制作したさまざまな案内や説明にも良く色が使われている。とくに理科系の展示物には地図やグラフなどを色だけで判別させて説明しているものをよく見かける。こうした色を使う案内については、「色弱」の人や高齢者、弱視の方たちも色の見え方で苦労していることを知り配慮しなければならないだろう。

NPO法人カラーユニバーサルデザイン機構では設計段階からできるだけ多くの当事者を参加させて配色を検討して行く合意性のカラーデザインを奨めている。同様に配色以外のことも合意形成を検討し計画すると良いだろう。

伊賀公一（いが・こういち）………NPO法人カラーユニバーサルデザイン機構（CUDO）副理事長。色弱なのに1級カラーコーディネーターの資格をもつ。週末ヒッピーの自称「色覚チャレンジャー」。社会を幸せに導く技術開発のために精進中。

3章

法制度が定める
ユニバーサルデザイン

まちづくりでは、すべてのインフラストラクチャー(都市基盤施設)が個別で成立するものではなく、相互に連続して機能を発揮することで、より質の高いユニバーサルデザインが実現できます。したがって、公園を整備する際にも、まず、公園を取り巻く周辺のインフラストラクチャーはどのような整備状況か、うまく連動しているかの確認を行い、公園への連続性を考えることを忘れないでください。

　この章では、駅等の公共交通施設、道路、建物、そして公園といったインフラストラクチャーのユニバーサルデザインに関連する仕事を手がける時、知っておくべき基本的法律を整理しています。

　また、法律を理解するためには、そのなかで説明されている言葉の意味も知っておけば、仕事を行う際にも役立ちます。

1　バリアフリー法と移動等円滑化について

1.1　バリアフリー法の目的

　あらゆる人々が生活の場所で不足を感じることなく活動できるように、アクセシビリティを確保するための法律として、「高齢者、障害者等の移動等の円滑化の促進に関する法律(通称:バリアフリー法)」が平成18年に施行されました。

　同法の趣旨は、移動や施設を利用する際の利便性や安全性の向上を促進するために、あらゆるインフラストラクチャーのバリアフリー化を推進すると共に、駅を中心とした地区や多くの人が利用する施設が集まった地区の、重点的かつ一体的バリアフリー化を推進することです。同時にバリアフリー化のためのソフト施策も充実することです。

1 | バリアフリー法の基本事項

　同法の基本的な仕組みには、以下の6項目が掲げられています。この仕組みは主務大臣から住民に至るまでの人の係わりにより、計画的かつ継続的にバリアフリー化を図ることを意図しています。
① 主務大臣によるバリアフリー施策を推進するための「基本方針」の作成。
② バリアフリー化のために施設設置管理者等が講ずべき措置。
　公共交通機関の旅客施設及び車両及び建築物の基準適合への努力

義務と、道路、路外駐車場、都市公園等における、施設ごとに定めた「バリアフリー化基準（移動等円滑化基準）」への適合の義務づけ。
③ 重点整備地区におけるバリアフリー化に係る事業の重点的かつ一体的な実施。
　ア．市町村による基本構想の作成
　イ．基本構想に基づく事業の実施
④ 計画段階からの住民等の参加の促進を図るための措置。
⑤ 「スパイラルアップ」と「心のバリアフリー」の促進。
⑥ 地方自治体等との移動等円滑化経路協定。

2｜対象施設及び対象者の拡充

　バリアフリー化の対象施設は「旅客施設及び車両等」、「道路」、「建築物」に「路外駐車場」、「都市公園」が加わり、拡充され、また、公共交通機関のなかに「福祉タクシー」が追加されました。これにより、社会生活の基盤、公共福祉の基盤となる施設はすべてがその対象となりました。

　また、同法では、対象者として想定される利用者が高齢者・身体障害者に加えて知的障害・精神障害・発達障害者など、すべての障害者が具体的に記載され、対象となりました。すなわち、目に見える肉体的な障害だけが、障害ではないということですから、対応は注意深く行うことが必要です。

3｜対象施設の整備目標の設定

　同法の基本方針では、各施設の整備目標が設定されています。当初、平成22年度末が目標年次でしたが、同年度末に、平成32年度末が目標年次の新たな整備目標が盛り込まれた新基本方針が設定されました。

　また、基本方針では、国の責務として、継続的な向上や改良を意味するスパイラルアップや心のバリアフリーの推進、地方公共団体の責務として、必要な条例などの制定の推進などが定められています。

　ちなみに、都市公園の実績値をみると、平成26年度末では、園路及び広場が約49％、駐車場が約45％、便所が34％です。平成32年度の目標値は、園路及び広場と駐車場が約60％、便所が45％と設定されています。

福祉タクシー

豆知識 車いすや寝台のままでも乗車できる特別専用車や、介護福祉関係の資格をもった乗務員が運行するタクシーのことをいう。それまでは営業所で運送を引き受けていたが、平成23年より流し営業にも対応したユニバーサルデザインタクシー（UDタクシー）の制度が導入された。これに伴い、利用者とのコミュニケーション、車いすの取扱いや乗降時の介助方法などの研修を行う「ユニバーサルドライバー研修」なども実施されている。

3章 法制度が定めるユニバーサルデザイン

表3-1 整備目標

		H22年3月末での達成状況[*2]	H22年末までの目標	H32年度末までの目標案
鉄軌道	鉄軌道駅[*1]	77%	原則100%	・3,000人以上を原則100% 　この場合、地域の要請及び支援の下、鉄軌道駅の構造等の制約条件をふまえ可能な限りの整備を行う ・その他、地域の実情にかんがみ、利用者数のみならず利用実態をふまえて可能な限りバリアフリー化
	ホームドア・可動式ホーム柵	38路線449駅	（目標なし）	車両扉の統一等の技術的困難さ、停車時分の増大等のサービス低下、膨大な投資費用等の課題を総合的に勘案した上で、優先的に整備すべき駅を検討し、地域の支援の下、可能な限り設置を促進
	鉄軌道車両	46%	約50%	約70%
バス	バスターミナル[*1]	88%	原則100%	・3,000人以上を原則100% ・その他、地域の実情にかんがみ、利用者数のみならず利用実態等をふまえて可能な限りバリアフリー化
	乗合バスノンステップバス	26%	約30%	約70% （ノンステップバスの目標については、対象から適用除外車両（リフト付きバス等）を除外）
	リフト付きバス等	―	（目標なし）	約25%
船舶	旅客船ターミナル[*1]	100%	原則100%	・3,000人以上を原則100% ・離島との間の航路等に利用する公共旅客船ターミナルについて地域の実情をふまえて順次バリアフリー化 ・その他、地域の実情にかんがみ、利用者数のみならず利用実態等をふまえて可能な限りバリアフリー化
	旅客船	18%	約50%	・約50% ・5,000人以上のターミナルに就航する船舶は原則100% ・その他、利用実態等をふまえて可能な限りバリアフリー化
航空	航空旅客ターミナル[*1]	91%	原則100%	・3,000人以上を原則100% ・その他、地域の実情にかんがみ、利用者数のみならず利用実態等をふまえて可能な限りバリアフリー化
	航空機	70%	約65%	約90%
タクシー	福祉タクシー車両	11,165台	約18,000台	約28,000台
道路	重点整備地区内の主要な生活関連経路を構成する道路	78%	原則100%	原則100%
都市公園	移動等円滑化園路	46%	約45%	約60%
	駐車場	38%	約35%	約60%
	便所	31%	約30%	約45%
路外駐車場	特定路外駐車場	41%	約40%	約70%
建築物	不特定多数の者等が利用する建築物	47%	約50%	約60%
信号機等	主要な生活関連経路を構成する道路に設置されている信号機等	92%	原則100%	原則100%

[*1] H22年末までの目標については1日平均利用客数5,000人以上の者が対象
[*2] 旅客施設は段差解消済みの施設の比率。また、H22年3月末での達成状況の数値は一部速報値
（出典：「移動等円滑化の促進に関する基本方針の改正について（概要）」国土交通省ウェブサイトより作成）

1.2　バリアフリー基本構想と重点整備地区

　同法の施行に際し、特筆できるものとして、各種施設の移動等円滑化基準への適合を義務づける他に、バリアフリー基本構想制度の導入があげられます。

　基本構想は国の定める基本方針に基づき、市町村が策定します。その意図は、それまでバリアフリー化の中心が公共交通機関の駅等に代表される旅客施設や車両であったことに対し、たとえば駅周辺、高齢者や障害者が利用する施設が集中する地区を「重点整備地区」として面的に指定し、その地区にある対象施設は移動等円滑化基準に基づき整備を推進することです。基本構想の作成の際には、高齢者や障害者等利用対象者の意見を聞きながら継続的に推進することや、関係者と必要に応じて協定を結ぶことなどを含め、現実的な整備を進めていくことになっています。

1.3　各種移動等円滑化基準について

　各種の移動等円滑化基準は、①公共交通、②道路、③駐車場、④公園、⑤建築物がそれぞれ省令、政令で定められています。

　旅客施設及び車両等の公共交通施設、道路、路外駐車場、都市公園、建築

表3-2　各種移動等円滑化基準

項目	名称	所管（作成年月）
公共交通	移動等円滑化のために必要な旅客施設又は車両等の構造及び設備に関する基準（公共交通移動等円滑化基準）	国土交通省［省令第111号］（平成18年12月）
道路	移動等円滑化のために必要な道路の構造に関する基準（道路移動等円滑化基準）	国土交通省［省令第116号］（平成18年12月）
	移動等円滑化のために必要な道路の占用に関する基準	国土交通省［省令第116号］（平成18年12月）
駐車場	移動等円滑化のために必要な特定路外駐車場の構造及び設備に関する基準（路外駐車場移動等円滑化基準）	国土交通省［省令第112号］（平成18年12月）
公園	移動等円滑化のために必要な特定公園施設の設置に関する基準（都市公園移動等円滑化基準）	国土交通省［省令第115号］（平成18年12月）
建築物	移動等円滑化のために必要な建築物特定施設の構造及び配置に関する基準（建築物移動等円滑化基準）	国土交通省［政令第379号］（平成18年12月）
	高齢者、障害者等が円滑に利用できるようにするために誘導すべき建築物特定施設の構造及び配置に関する基準（建築物移動等円滑化誘導基準）	国土交通省［省令第114号］（平成18年12月）

物などを新設する場合は、それぞれバリアフリー化基準（移動等円滑化基準）への適合が義務付けられ、既存の施設においても、基準適合への努力義務が課されます。

1 | 公共交通移動等円滑化基準（図3-1）

公共交通事業者が旅客施設を新設・大改良する際や車両を新たに導入する際には、公共交通機関に関するバリアフリー化基準（公共交通移動等円滑化基準）へ適合させなければならず、また、既設の旅客施設や車両等に対しても、基準に適合するよう努めなければなりません。

下記の公共交通機関にはそれぞれ定められた基準があります。

公共交通機関	具体的な対象等
旅客施設	鉄軌道駅、バスターミナル、旅客船ターミナル、航空旅客ターミナル
車両等	鉄軌道車両、バス車両、福祉タクシー車両、船舶、航空機

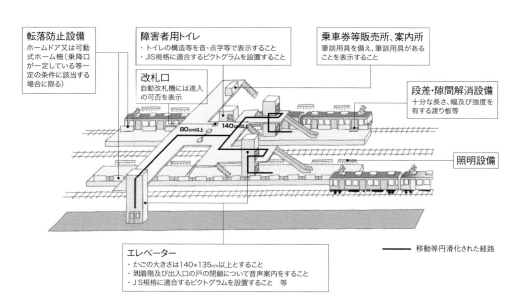

図3-1　旅客施設のバリアフリー化のイメージ（出典：「バリアフリー新法の解説」国土交通省より）

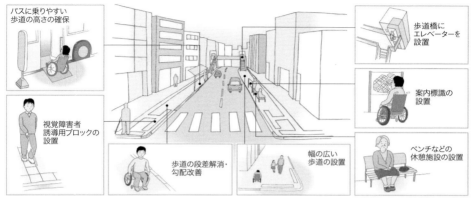

図3-2　道路のバリアフリー化のイメージ（出典：「バリアフリー新法の解説」国土交通省より）

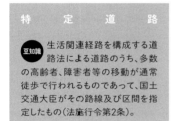

特定道路

豆知識　生活関連経路を構成する道路法による道路のうち、多数の高齢者、障害者等の移動が通常徒歩で行われるものであって、国土交通大臣がその路線及び区間を指定したもの（法施行令第2条）。

2｜道路移動等円滑化基準（図3-2）

　道路管理者は、管理する道路を道路に関するバリアフリー化基準（道路移動等円滑化基準）に適合するよう努めなければなりません。

　生活関連施設を結ぶ道路のうち、高齢者、障害者等が通常徒歩で利用する道路を特定道路として国土交通大臣が指定します。

　市町村等の道路管理者が特定道路の新設・改築を行う際には、道路移動等円滑化基準への適合が義務づけられます。特定道路の新設・改築後は、当該基準を維持するように管理することが道路管理者に義務づけられています。また当該道路には道路占用の許可基準の上乗せ措置（新設・改築後の歩道幅員を確保するための措置）も講じられます。なお、重点整備地区内の生活関連経路を構成する道路については、これまでと同様に、重点的に基準に基づいた道路整備を実施していくことになっています。

3｜路外駐車場移動等円滑化基準（図3-3）

　面積が500㎡以上の有料駐車場を整備する場合は、特定路外駐車場となり、車いす使用者用駐車施設を1カ所以上設けるなど、路外駐車場に関するバリアフリー化基準（路外駐車場移動等円滑化基準）に適合させなければなりません。また、既設の駐車場のうち、特定路外駐車場の要件（面積、有料施設）に当てはまる施設は、できる限り基準に適合するよう努めなければ

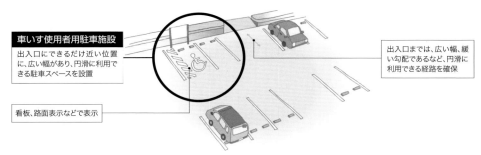

図3-3 駐車場のバリアフリー化のイメージ（出典：「バリアフリー新法の解説」国土交通省より）

なりません。

なお、特定路外駐車場を設置する際は、設置者が都道府県知事等に届出を行うことになっています。

公園や公共建築物の駐車場は、これに当てはまりません。

特定路外駐車場

豆知識　一般公共の用に供される自動車の駐車のための施設で、自動車の駐車の用に供する部分の面積が500㎡以上のもので、かつ、その利用について駐車料金を徴収するもの（法第2条11号）。

4｜都市公園移動等円滑化基準（図3-4）

都市公園の移動等円滑化基準については、本書の基本となる基準です。（詳しくは「2　都市公園の移動等円滑化整備ガイドライン（改訂版）の解説」（73頁）参照）

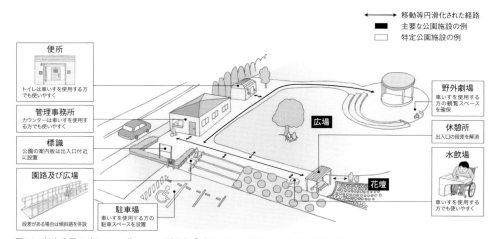

図3-4 都市公園のバリアフリー化のイメージ（出典：「バリアフリー新法の解説」国土交通省より）

5 | 建築物移動等円滑化基準と建築物移動等円滑化誘導基準（図3-5）

誰もが日常利用する建築物や老人ホームなどの特別特定建築物について一定規模以上の新築等を行う建築主等は、バリアフリー化のための必要な基準（建築物移動等円滑化基準）に適合させなければなりません。また、これらの既存の建築物に対しても、基準に適合するよう努めることになっています。

なお、対象とする建築物の用途、規模や建築物移動等円滑化基準の内容については、地方公共団体の条例により強化されている場合があるので、確認が必要です。

また、多数の者が利用する学校、事務所などの特定建築物について新築等を行う建築主等は、建築物移動等円滑化基準に適合するよう努めなければなりません。公園内の建築物も同様です。

バリアフリー化のために誘導すべき基準（建築物移動等円滑化誘導基準）を満たす特定建築物の新築等をする際は、建築主等は、所管行政庁による計画の認定を受けて、さまざまな支援措置を受けることができるので、調べるとよいでしょう。

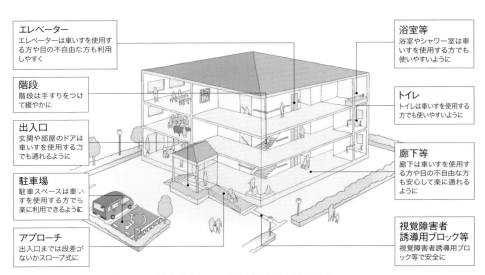

図3-5　建築物のバリアフリー化のイメージ（出典：「バリアフリー新法の解説」国土交通省より）

1.4 法制化のねらいと課題

同法法制化以降、都市のバリアフリー化は徐々に進みつつあります。例えば駅に関しては、平成22年度末には9割が目標に達したため、平成32年度末までの目標として、一日平均3,000人以上の駅を対象とするなど目標設定が改定されました。しかもすでに平成26年度末で達成率は9割を超えています。

一方で課題もあります。たとえば、バリアフリー基本構想は平成27年12月末で288の市町村で465の基本構想が策定されていますが、同年12月の市町村数は1,741ですから、全国レベルでみると策定している自治体の割合では2割に満たない状況です。また、策定している自治体が都市部に集中している傾向があります。今後、とくに地方部で高齢化が進行していくこともあり、国内全体でバリアフリー基本構想のような整備計画を整備することは急務と考えられます。

バリアフリー基本構想の取組みを推進するために、国ではガイドブックの提供（平成28年9月に改定）、バリアフリープロモーターの派遣などを行っていますが、財政難や自治体担当者の異動によるノウハウの消失、民間を含めた関係者調整の困難さなどの原因により、思うように進捗していないのが実情です。今後、オリンピック・パラリンピック等のビッグイベントに際して国が一体となって進めようとしている政策や、地方都市では各国、各競技のキャンプ地候補に名乗りを上げるためにユニバーサルデザインはセールスポイントとして着手されると想定されます。とくにパラリンピックに対応した政策が全国的に徐々に浸透し、改善に向かっていくものと思われます。

心のバリアフリーの推進については、国土交通省地方整備局、地方運輸局などがおもに健常者の小中学生や旅客事業者などを対象としてバリアフリー教室等を開催し、自治体においてもイベントや会議が開催されています。障害者差別解消法が施行され、今後、障害者の社会進出がますます進んでいくなかで、障害者側が生活の自立のために本当に必要なものを誰にも解りやすく説明することも求められます。たとえば居住地での基本構想策定に参加するなど社会に対する参加貢献も重要さを増し、その方法や発言のステージは多岐にわたることになるでしょう。

心のバリアフリーの定着については長い時間がかかるものと思われま

特別特定建築物

豆知識 病院、百貨店、官公署、福祉施設、飲食店等の不特定多数の者、又は主として高齢者、障害者等が利用する建築物（法第2条17号、法施行令第5条）。
基準適合義務の対象となるのは、床面積の合計が2,000㎡以上の建築等をしようとする特別特定建築物（法施行令第9条）。なお、地方公共団体の条例により、上記床面積の合計の引き上げ等が可能（法第14条3項）。

すが、オリンピック・パラリンピック等は心のバリアフリーを推進するための起爆剤となるでしょう。この機会が上手に活用され、一人でも多くの人たちがこの国、この場所に住んでいてよかった、訪れてよかったと感じられる社会になるようユニバーサルデザインのまちづくりをしていきたいものです。

2　都市公園の移動等円滑化整備ガイドライン（改訂版）の解説

『ユニバーサルデザインによるみんなのための公園づくり（改訂版）』より

　同法の施行における各種の移動等円滑化基準への適合を踏まえ、平成20年には国土交通省からより具体的な指針として都市公園の移動等円滑化ガイドラインが策定され、その後、平成23年8月に公布された「地域の自主性及び自立性を高めるための改革の推進を図るための関係法律の整備に関する法律（第2次一括法）」により、バリアフリー法の一部が改正され、平成24年4月に、地方公共団体が設置する都市公園における特定公園施設の設置に関する基準については、省令で定める基準を参酌して地方公共団体が条例で定めることになりました。また、同年には都市公園の移動等円滑化整備ガイドラインが改訂されました。

　ガイドラインには、次の2項目が追加されています。

---

① その他の施設に関するガイドライン
　　→ ベンチ、野外卓の追加
② 情報提供、利用支援に関するガイドラインの追加

　都市公園の移動等円滑化ガイドラインの改訂に伴い、平成29年3月に改訂出版された『ユニバーサルデザインによるみんなのための公園づくり──都市公園の移動等円滑化整備ガイドライン（改訂版）の解説』（社団法人日本公園緑地協会）を利用して公園づくりを考えてみましょう（表3-3）。

　同書は、今後の都市公園のユニバーサルデザインに関する技術的な指針となることを目的として作成され、法律で示す整備のための基準はもとより、公園運営の取組みに関しても、事例を交えて解説しています。公園や都市等の外部空間を企画、計画、設計することを業務とする人にとっては、基本を知るマニュアル書となります。

表3-3 「ユニバーサルデザインによるみんなのための公園づくり(改訂版)」の概要

		概要
1編	都市公園の移動等円滑化整備ガイドライン	都市公園のバリアフリー化の背景、基本的考え方、推進方策、位置付け、対象施設と対象者、ガイドラインの活用について
	1部　同ガイドラインについて	
	2部　ガイドライン ・法律のガイドライン ・都市公園移動等円滑化基準に関するガイドライン ・都市公園の情報提供・利用支援に関するガイドライン	・法の枠組み、公園管理者の責務、特定公園施設と例外規定による除外と特定建築物、特別特定建築物の適合義務との追記 ・特定公園施設のガイドライン ・その他の施設に関するガンドラインの追記 ・情報提供、利用支援に関するガイドラインの追記
2編	バリアフリー法による公園づくり ・同法の基本的な考え方 ・公園管理者の義務 ・特定公園施設の例外規定 ・バリアフリー化の配慮事項 ・基準適合の作業手順 ・基準適合の確認 ・バリアフリーの整備	法律に基づく基準により都市公園のバリアフリー化を公園管理者の義務として実現させていくこと。法律の一部改正により、公園管理者の条例によって特定公園施設を整備することになったので、地方公共体の責務が重くなった。そのため、公園整備の手順や基準適合の確認などが詳述
3編	みんなのための公園づくり ・公園計画のユニバーサルデザイン ・公園施設のユニバーサルデザイン ・公園運営のユニバーサルデザイン ・公園施設及び運営の工夫	・公園の計画の考え方と、都市におけるネットワーク、重点整備地区との整合性等を踏まえ、新規整備と既存公園の整備手順が示してある。 特定公園施設を含めた主要な公園施設の整備に関する解説 ・運営の取り組みに関する解説 ・事例紹介

2.1　同書の構成とバリアフリー化の基本的な考え方

同書の最初には、都市公園バリアフリー化の基本的考え方として、次の3つが記載されています。

① ユニバーサルデザインの考え方

物理的なバリアだけでなく、ハード、ソフト両面からすべての人々へ配慮する必要があること。災害時での活用を考慮した整備及び管理運営をすること。

② 自然環境や人文資源等に関する検討

自然環境とともに、歴史、景観、文化財等に配慮すること。配慮に当たっては、円滑化基準整備の代替として人的利用支援や情報提供等への対応も検討すること。

③ 整備後における適切かつ継続的な取組み
　　適切な管理運営や実態調査等による背景を汲み取り、維持・向上をしていくこと。

2.2　都市公園の移動等円滑化とは

1｜対象者——基本的にはすべての人

　公園の利用者の「誰も」とはどのような人でしょうか。一般には、すべての人ですが、表3-4に示すような人々への配慮点を念頭に入れ、公園や、その他のインフラストラクチャーを整備しようということです。

　高齢者や車いすの人、後期妊産婦、外国人などは見た目でわかりますが、聴覚障害や内部障害、発達障害や前期妊産婦は見た目ではまったくわからないこと、視覚障害は個人差が大きいこと、また知的障害、精神障害は人のもつ雰囲気の違いはわかっても、対人はとてもデリケートな配慮がいること、などがあります。とりわけ、イベント時や災害時などの非日常においては、それぞれの肉体的なハンディキャップによって、情報の共有ができなかったり、多くのなかの少数の立場では必要なことが十分に主張できなかったりすることが想定されます。

　障害は個別に状況が異なりますので、これがすべてではありませんが、障害の状況を知るための基本として頭に入れておきましょう。

2｜特定公園施設と適合基準

　都市公園については、移動等円滑化の促進に関する基本方針、政令、省令のなかで、移動等円滑化の達成目標、バリアフリー化を義務づける12の特定公園施設の指定と、移動等円滑化基準が定められています。12の施設と基準は以下に示すとおりです。ここに建築物移動等円滑化基準に建築物として入らなかった野外劇場、野外音楽堂が入っています。

　また、前記しましたが、その他の施設としてベンチ、野外卓が、そして情報提供・利用支援がガイドラインに追記されています。

　公園にとって休息施設が重要であること、また障害の多様性を念頭に置いた時、管理運営のなかで、ハード、ソフトの両面から情報提供や利用支援がとりわけ重要であることによる改訂が読み取れます。

　誰もが利用する以下の特定公園施設を設ける場合は、それぞれの施設において、少なくともそのうちの一つは、移動等円滑化基準に適合させる必要があります。

表3-4 配慮の必要な対象者及び特徴の例

対象者	想定するケース	主な障害の特徴
高齢者	・歩行が困難 ・視力が低下 ・聴力が低下	・歩行が不安定 ・階段、段差の移動が困難なこともある ・長距離連続歩行や長時間立位が困難 ・情報認知やコミュニケーションが困難
肢体不自由者 (車いす)	・手動車いす ・電動車いす	・階段、段差の昇降が不可能 ・移動に一定スペースが必要 ・上肢障害の場合、手腕による巧緻な操作・作業が困難。文字記入や会話が困難な例あり
肢体不自由者 (杖等)	・杖などを使用 ・義足、義手、人工関節などを使用	・階段、段差昇降が不可能 ・長距離連続歩行や長時間立位が困難 ・上肢障害の場合、手腕による巧緻な操作・作業が困難
内部障害者	・長時間の歩行や立っていることが困難 ・オストメイト	・長距離の連続歩行や長時間立位が困難 ・外見からわかりづらい ・障害によって、酸素ボンベ等の携行が必要
視覚障害者	・全盲 ・ロービジョン（弱視） ・色覚障害	・視覚情報認知が困難 ・空間把握が困難、経路確認が困難 ・外見から気づきにくい場合あり
聴覚・言語障害者	・全聾 ・難聴、中途失聴 ・言語に障害	・音声による情報認知が困難、コミュニケーションが困難 ・外見からは気づきにくい
知的障害者	・初めて施設を訪れる場合 ・状況が変化した場合	・コミュニケーション、感情コントロールが困難な場合あり ・情報量が多いと混乱する場合あり ・周囲の言動に敏感
精神障害者	・初めて施設を訪れる場合 ・状況が変化した場合	・ストレスに弱く疲れやすく、頭痛、幻聴、幻覚が表れることもあり ・新しいことに対して緊張や不安 ・混雑や密閉空間は不安
発達障害者	・初めて施設を訪れる場合 ・状況が変化した場合	・対人関係の構築が困難 ・多動性行動 ・特定へのこだわり、反復的な行動
妊産婦	・妊娠している	・歩行が不安定(下り階段の不安) ・長時間の立位が困難 ・不意に気分が悪くなる場合がある ・初期などは外見からは気づきにくい
乳幼児連れ	・ベビーカーを使用 ・乳幼児を抱きかかえている ・幼児の手をひいている	・長時間の立位が困難(抱きかかえ) ・子どもが不意な行動をとる場合がある ・階段、段差などの昇降移動困難（特にベビーカー） ・おむつ交換や授乳空間が必要
外国人	・日本語が理解できない	・日本語によるコミュニケーションが困難、あるいは不可能
その他	・一時的なけが ・病気 ・重い荷物 ・初めての場所	・移動、情報把握、設備利用等において困難となる場合がある

① 園路及び広場　② 屋根付広場　③ 休憩所　⑥ 駐車場
⑦ 便所（だれでもトイレ）　⑧ 水飲場　⑨ 手洗場　⑩ 管理事務所
⑫ 標識（特定公園施設の配置を表示したもの）

また、誰もが利用する以下の特定公園施設を設ける場合は、そのすべてを移動等円滑化基準に適合させる必要があります。

④ 野外劇場　⑤ 野外音楽堂　⑦ 便所（床、手すり付き床置き小便器等）
⑪ 掲示板　⑫ 標識（上記以外のもの）

3｜園路と施設の接続性

図3-7はバリアフリー化された特定公園施設と主要な公園施設が園路で連続的に接続することを示した模式図です。このような「移動等円滑化園路の構造」が公園内に少なくとも1カ所以上あることが、基準適合の条件となっています。このため、新たな計画や、既存公園の改修の際には、施設配置と動線の設定が重要なポイントになります。

特定公園施設		都市公園移動等円滑化基準
① 都市公園の出入口及び駐車場と特定公園施設、主要な公園施設との間の経路を構成する園路及び広場 ② 屋根付広場 ③ 休憩所 ④ 野外劇場 ⑤ 野外音楽堂 ⑥ 駐車場 ⑦ 便所 ⑧ 水飲場 ⑨ 手洗場 ⑩ 管理事務所 ⑪ 掲示板 ⑫ 標識	 新設時等に基準適合義務	・公園管理者等が特定公園施設の新設、増設又は改築を行うときは、移動円滑化のために必要な特定公園施設の設置に関する主務省令で定める基準（都市公園移動等円滑化基準）に適合させなければならない。 〈基準の例〉 **園路** ・出入口（有効幅120cm以上、段差なし等） ・通路（有効幅180cm以上、縦断勾配5%以下等） ・傾斜路（有効幅120cm以上、縦断勾配8%以下、手すりの設置等） **駐車場** ・車いす使用者用駐車施設（施設数、有効幅350cm等） **便所** ・車いす使用者の円滑な利用に適した構造を有すること等

図3-6　特定公園施設と都市公園移動等円滑化基準

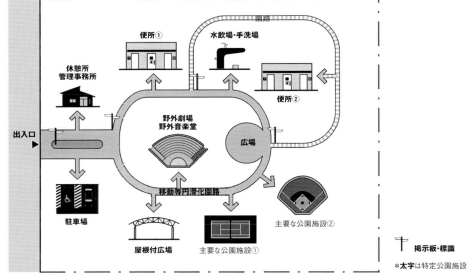

図3-7　移動等円滑化の模式図(出典:「都市公園の移動等円滑化整備ガイドライン(改訂版)」国土交通省より作成)

4｜スパイラルアップ

　法の基本事項の一つに事業の評価と継続的な取組みがあげられています。ある時期に対象となる公園を法律に則り整備しても、人も町も価値も時代とともに変化します。したがって、変化を確実にキャッチアップし、その時々の評価基準をもって評価し、変化に応じた対応力が望まれます。このような持続的向上が必要であり、常にユニバーサルデザインには完成型はないと思って取り組むことが必要です。

5｜重点整備地区の総合的なユニバーサルデザイン

　基本構想により重点整備地区を設定し、計画を実施していく必要がある理由は、地区内全体の総合的なユニバーサルデザインを目指しているからです。現在、交通施設、公共施設、また、商業施設やレクリエーション施設といった民間の大規模施設などもそれぞれにユニバーサルデザイン化が進んでいます。さまざまな分野が連携する際には、事業範囲や管理範囲の境界線でユニバーサルデザインが途切れないことが最も大切です。そして途切れない連携のなかに、公園もあるのです。

　「ユニバーサルデザイン政策大綱(平成17年 国土交通省)」では、すべての

人が自立した日常生活及び社会生活を営むことができる環境にするため「どこでも、だれでも、自由に、使いやすい」都市施設を整備し、機能を発揮し続けられるように運営することが基本に掲げてあります。そして、それらの施設は一つ一つの機能性を向上させるだけでなく、相互に連携して機能を発揮すること、さらには地域に相応しい美しい景観を生み出し、そこでの人々の活動が活気溢れるまちになることが理想です。

3　常に原点から取り組む姿勢を

　ここでは、「みんなのための公園づくり」の骨格を述べてきました。しかし、本書では、同書に掲載されている特定公園施設を整備するための数値などは省いています。それはなぜか。

　ユニバーサルデザインの公園整備を行う時には、発注者や計画者はユニバーサルデザインの目的や基本理念を飛び越して、基準の数値をクリアする計画・設計に注力しがちです。

　しかし、実際に障害をもつ人々が求めていることは、まず、障害者の実際を具体的に理解することです。とくに公園の場合は道路等に比べると空間全体が安全ですから、配慮の名のもとに整備された施設が、実は過剰で使いにくかったり、施設の基準がクリアされていても必ずしも楽しめる公園になるわけではないこと、そして障害をもつ人にとって公園を楽しむためには何が必要かなどを知ってほしいと望んでいます。高齢者や障害者を含む誰もが「公園で楽しい時間を過ごすために必要なもの、こと、人、場」を過剰にならないよう一緒に考え、前に進むことを求めています。

　基準の数値に振り回されないで、本質は何かを常に問う姿勢が大事なのです。

　仕事に際しては、ガイドラインの目的や基本理念に立ち返り、スタートすることが大切です。そして今よりもなお魅力溢れる公園づくりを目指して取り組みましょう。

＊同書は、社団法人日本公園緑地協会で求めることができます。

一緒に遊ぼ♪　在りし日の思い出から見る理想の公園像　　樋口彩夏

Column

　公園は、さまざまな人が憩いを求めて集まる場所です。大切な人や時にはペットを連れて自然を賞でるもよし、はつらつと身体を動かすのもよいでしょう。一人で静かに時の流れを感じるのも悪くありません。利用する人々を受け入れてくれる寛容さを持ち合わせています。

　私にとって公園は、幼少期の楽しい思い出がたくさん詰まっている場所です。かくれんぼや鬼ごっこで、外を駆け回るのが大好きでした。砂場では、山々を水路で繋げる大規模工事をしたり、壊れやすい泥だんごに創意工夫を凝らし、投げても割れない泥だんご作りに励んだりもしました。出来上がったときには、大はしゃぎで母に見せ弟と大量生産し、数日、玄関や家の周りに飾っていた記憶があります。芝生の上でお弁当を囲み、泥だらけになりながら遊んだ思い出、家族や友人と過ごした時間は、今でも色褪せることなく心の根底に刻まれています。

　しかし、過去には、公園を避けていた時期がありました。

　きっかけは中学2年生の夏、突然の病によって生涯車いすの生活を余儀なくされた事に端を発します。その事実を受け止めきれずにいた私は、ある種の癒しを求めて近所の公園へ立ち寄りました。子どもたちが楽しそうに遊具で遊んでいる光景は、とても微笑ましいものでした。けれども、私は疎外感を覚えます。

「もし私が子どもだとしたら、あの輪の中には入れないんだなぁ……。」

　かつて楽しく遊んでいた遊具たち——すべり台もブランコもジャングルジムも、すべての遊具が車いすを拒んでいたのです。

　当時、中学生だった私がそう感じるのだから、公園で遊びたい年頃の子どもやその

家族にとっては疎外感もひとしおでしょう。
　想像してみてください。
　学齢前のわが子は車いす。意気込んで公園デビューをしてみるも、お友達とは一緒に遊べず取り残されてしまう。仕方なく親子で散歩をしてみるけれど、いつも親と一緒にいるのでは、周囲の子と仲良くなるきっかけを逃してしまいます。次第に公園から足が遠のいてゆき、就学するのは特別支援学校。外のコミュニティから外れて行く悪循環……。
　悲しいかな、これが現状です。私が幼少期に公園で得たような楽しい思い出を、車いすの子どもたちは経験することができません。それを思うと切なくなります。

　一方で、人は優しいものです。
　「○○ちゃんと一緒に遊びたいのに……。」──車いすの子の友達は、もどかしい思いをしています。友達同士、車いすなんて関係ありません。
　これからの公園は、この優しい芽を摘むのではなく、大きく育ててゆける姿であってほしいと思います。公園は、子どもたちにとって遊びの場であると同時に、学びの場でもあります。赤ん坊から高齢者、健康な人もいれば身体に障害がある人もいて、さまざまな人たちが同じ社会に生きているということを体感できる、縮図にも成り得るでしょう。あらゆる人が利用できる素地さえあれば、公園を利用する人たちが育ててくれるはずです。
　どんな人でも分け隔てなく迎え入れてくれる公園に、多種多様な笑顔の溢れる日が来ることを願います。

樋口彩夏（ひぐち・あやか）……1989年、東京生まれ。中学2年の時、骨盤にユーイング肉腫（小児がん）を発症。抗がん剤、重粒子線などの治療を経て、車いすでの生活に。「いつ、誰が、どんな病気や障害をもっても、笑顔で暮らせる日本にしたい！」を目標に日々、奮闘中。当事者の視点から建設的に伝えることをモットーに執筆・講演を行っている。朝日新聞デジタル「医療サイト・アピタル」でのコラム連載、ユニバーサルマナー検定講師など。

4章

グッドプラクティス

1 公園のグッドプラクティスとは?

　私たちの考えるユニバーサルデザインの公園は、基準が整っているだけでなく、公園の立地や施設はもとより、サービスなどの個性が魅力として存分に発揮されて誰もが楽しめる場所になっている、そんな公園がグッドプラクティスの公園です。

1.1 「なるほど」の積みあがったグッドプラクティス

　『Good Practice』は、近年、国際機関の報告書等において"優れた取組み"という意味で幅広く使われている言葉です。そしてこの章は、グッドプラクティスというタイトルになっています。なぜ、横文字でわざわざ。「良い事例」でいいのではないかという声が聞こえてきそうですが、ここでは訳語の「取組み」という言葉に意味があります。

　「取組み」には、①熱心に事にあたる。「難題に挑む」といった意味があります。まさしくユニバーサルデザインに取り組むわけです。そこには諸々の条件がありますが、みんなが公園を楽しく使うためには何をすることが望まれ、何が必要で何が過剰か。第一段階ではこれを想定して整備のために軸となる目標像をもって仕事を進めることが必要だということです。

　加えて「取組み」にはもう一つ、②「組み合わせる」こと、「取り合わせる」こと、という意味があります。目標像を実現するためには、どのような組合わせや取合わせがあるのか。施設の種類、数、デザインや、その施設の維持管理、施設活用のためのサービスの提供など、複層的な組合わせのアイデアをたくさんひねり出すことです。そして、そのなかから、公園全体が最も魅力的に使われる要素を取捨選択することが第二段階です。

　その結果、利用した誰もが「『なるほど!』なんて楽しく、使い勝手の良い公園なんだろう! また来たい!」と体感できる。これがグッドプラクティスの公園です。すなわち、それぞれの施設が法律どおりにできていても、それは部分であり、部分の寄集めが公園全体のユニバーサルデザインではないということです。しかし公園整備の例には基準どおりに整備することに注力し過ぎて、公園の本質であるみんなが楽しめるための「取組み」や「組合わせ」の工夫が少なく、「なるほど」が感じられない場合があります。

　私たちは、法律に準拠して整備や改修をすることは、当たり前だと思っ

ています。しかし、ここでの視点は、それを超えた「なるほど!!」がたくさんある公園です。すでにあるよい例を他のよい例と組み合わせることによってより良くなる例、まだないけれど欲しい例などを見つけていきたいと考えます。

1.2 公園整備・改修の前提事項

ユニバーサルデザインに配慮した公園を再整備・改修する仕事はまず、
① 現状の公園の魅力は何か。新設ならば該当地の魅力は何か。
② 魅力がなければどこが魅力として利用者に楽しんでもらえる場所にできるか。
③ そのために必要なユニバーサルデザインは何か。

と考え、運営や管理を同時にイメージしながら全体を考えるという手順を踏むことが必要だと考えます。そして、施設の基準をクリアする検討は、次の作業であり、計画全体からみれば一部だと思っていただくことがポイントです。

たとえば、映画やドラマは、どんなにキャストが良くても、ストーリーやそのストーリーを活かす演出がよくなければ、おもしろい作品にはなりません。それと同じです。

公園の場合は、どんなにプロダクトの一つ一つが基準どおりに整備してあっても、それだけでは足りません。公園が魅力的であるとは、そこに行き着く手段や、案内の方法、そして公園で働く人たちの働きぶりなど関連するすべての導きによって、とてもステキで感動できる楽しい場所になっている状況だと考えます。

公園の全体像の素案を検討する際には、その公園の運営に関与する人たちが、利用者を理解し、気持ちよい対応の方法、維持管理や利用の指導方法等を考慮し、目標とする姿によっては、施設整備を少なくしたり、逆に、よりきめ細かく施設整備をする場合など、全体像を調整します。このプロセスの有無が前述した「取組み」の質の向上や、モラルアップに繋がり、余分なハードが不要な公園になることが理想です。その状況がグッドプラクティスの公園になると考えます。

> **ここがポイント！　整備・改修の前提事項**
> ・現状の公園の魅力は何か。新設ならば該当地の魅力は何かを考える。
> ・魅力がなければ何が魅力として利用者に楽しんでいただける場所にできるかを考える。
> ・そのためのユニバーサルデザインは何かを考える。
> ・整備後の運営や管理をイメージしながら全体を考える。
> ・施設の基準をクリアするための検討は、計画全体からみれば一部分である。

1.3　整備・改修時に検討すべき4つの視点

1 「魅力」「アクセス」「生理現象への対応」「情報」

　公園整備に際し、法律で基準が定まっていても、整備や改修には予算という縛りがありますから、できることとできないことがあります。そこで対象となる公園では最小限の必要とする事項がうまく組み合わさって適材適所に整備、管理・運営され、日々の生活に活用できる公園にしたいわけです。

　表4-1は公園整備の際、ユニバーサルデザインの最も大事な配慮すべき視点を示しています。「魅力」はスケールにかかわらず、利用目的となる事項であり、どのような公園にも必要なことです。「アクセス」と「生理現象への対応」は、公園を快適に利用するために整備すべき最も重要な機能性ですが、整備や管理の如何によって魅力にもなります。「情報」は、前記の3項目を知り、利用を促すために必要な項目です。

　公園は、小さな公園から多くの施設が整備された大きな公園までありますので、その大きさによって整備の重点が異なります。どの場合も、この4つの視点をおさえて、整備、改修の計画に取り組みましょう。

表4-1　公園整備・改修時における4つの視点

基本の視点	施設例	内容
魅力	休憩所*、広場*、野外音楽堂*、植栽（樹木、花壇）、照明、遊具、景観	整備の目的、存在意義、季節の空間性、地域性、新規性、利便性、飲食サービス
アクセス	駐車場*、出入口*、園路*	機能性、連続性や変化等の多様性、選択性
生理現象対応	トイレ*	多様な機能と箇所数、配置の場所性
情報	標識*、掲示板*、Web、SNS	魅力、アクセス、生理現象対応を解説し、利用を促す

*は特定公園施設

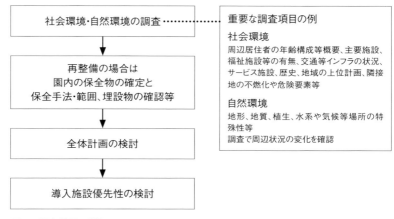

図4-1　調査・計画の手順

2　公園整備・改修の手順

　公園は、立地性として周辺の自然状況や社会状況も配慮する必要があります。そして、プロダクトには誰もが共通に利用できるものと、特定の人にとって必要なものとに別れますので、導入時に優先順位を決める必要があります。

　とりわけ、改修する公園は、現在、開園当時から随分時間の経過した場合もありますので、周辺状況の変化を十分把握することを忘れないようにしましょう。

1.4　4つの視点からみるスケール別の公園整備・改修

1　小さな公園の場合

　小さな公園は、ひと目で見渡せる公園ですから、概ね1,000㎡以下のスケールです。生活に身近な住宅地の中にある公園として、毎日利用する庭のような場所で、そのための魅力の有無は最優先です。また、近年、多発する自然災害に備え周辺住民の集合場所の観点から整備される場合も増えています。とりわけ密集市街地では集合場所となる公園や広場は重要ですが、その場合は「アクセス」と「周辺状況」に注力することが重要です。

　公園となる場所は隣接地の不燃化の状況や、古い雑居ビルの看板やガラス窓など落下物の可能性の有無を確認すること、少なくとも車の通れる道路に接道していることは最低の条件となります。

一方、自宅に近い公園を利用する場合、トイレや寒暖への対応策は、出かける前に自宅での準備でカバーできますから、「生理現象対応」は優先順位が低い位置づけになります。また、「情報」については、案内板よりも日常からのコミュニケーションツールの活用が最も重要な情報源となります。たとえば回覧板と掲示板で得られる地域のコミュニティ情報手段を活用すれば、公園施設を説明する案内板はいりません。そして、緊急時対応についての情報はチラシや案内板などで示すより、公園で行う防災訓練等で住民には実際に緊急対応の方法を体得してもらうのが実際的です。防災訓練等の周知は回覧板と掲示板などを利用します。また、催しを通じて居住者が必要としている活動や課題を情報収集し、改修に活かすことができます。

要注意の小さい公園！！

豆知識　既存公園の立地には、公園に接道しない場合、細い路地によって公園と道路を繋いだ例がある。

① 路地側の道路から公園内が見えないこと、入り角によって道路から死角ができることで、防犯の観点から公園には不向きである。
② アクセスが狭いために、避難路や物資搬入等防災の観点から公園には不向きである。
③ 動線が敷地を2分し、外周が全方向に住宅地に接している状況は、公園としての土地利用上合理性に欠ける。このような敷地条件で再整備を行う場合、上記のことを前提として、出入口の時間管理や整備内容の優先事項を周辺住民との協議によって合意形成をするなど、運営面での協議を十分に行うことが重要である。

　したがって、小さな公園は魅力を高めるためのハード・ソフト整備を検討しますが、欲張りすぎないで最も必要なものの絞り込みをすることや、そのためのアクセスを考えること、そして、当初から地域コミュニケーションの醸成を目指した運営にも力点を置くことが必要です。

ここがポイント！

- 周辺居住者のニーズが魅力に繋がるが、欲張り過ぎない。
- コミュニティの現状を確認（持続力や運営推進力を引き込むことが公園の魅力の一つになる。課題も収集できる。）
- 居住者が求めているものや課題のヒアリングを計画に活かす。
- 導入施設の要不要の判断。

2｜中位の広さの公園の場合

　中位の公園はひと目では見渡せない広さで、日常生活圏にありますが、場所によっては、毎日は行けないので、公園の特徴を楽しめる時に、週末等を利用して折々訪れるような公園です。

ここでは、規模が大きくなった分、立地環境の特徴も複雑になりますから、それを活かした「魅力」も増え、出入口や、園内のアクセスルートも増えます。そして、利用者の滞在時間も長くなりますので、「生理現象への対応」も必要な事項となります。ここでは、主要な「アクセス」が移動等円滑化園路として成立していること、主要施設がその園路に接続していることなど、シンプルで解りやすい配置による整備が効果的です。

　許容量が大きくなれば、利用者も多くなりますので、公園自体の魅力を活かすとともに、施設の数や設置位置については移動に無駄がなく利用しやすいことなどを配慮しましょう。

　また、「情報」については、園内の施設や環境要素が複雑になった分、現地情報はあった方がよいことと、緊急時にはどのように活用される公園であるかの情報は必要です。

ここがポイント！

- 魅力、アクセス、生理現象対応（トイレ）、情報提供全てが必要。ただし、シンプルで解りやすい整備。
- 主要施設の箇所数と設置位置に配慮。どこに設置すると利用しやすく、無駄がないかを検討。

3｜大きな公園の場合

　大きな公園はさらに複雑化、多様化しますので、4つの視点すべてを十分に備える必要があります。大きな公園は、利用者にとっては生活のエンタテイメント的な利用になります。したがって、利用者ははっきりとした利用目的をもって訪れるので、公園のすべてが理解でき、利用の予定に反映できる事前の情報や予告情報は、まず重要になります。

　一日いても楽しく過ごすことのできる魅力として、休憩もできる飲食サービスの充実が重要です。地域でしか味わえない美味しいもので、しかも値頃感があること。また、万一天候が急変したとしても心配なく時間を過ごせる環境が必要です。

　さらに、体力がない人のために長い移動をしなくても公園の魅力を体感できる代替機能を備えた施設。たとえば、ジオラマや映像施設などもこれからは魅力を提供する手法として考えることができるでしょう。

　アクセスは、出発地点からいかに効率的で解りやすく到達できるか、到

着してからは、楽に安全に広い園内を移動できるかということです。目的の場所に行くために利用者に合った移動手段が選べることは魅力にもなります。さらに、「生理現象への対応」のトイレは、数や機能が分散して待ち時間なく利用できることや、トイレに代表される不特定多数の人の手が触れる施設は、清潔の保持と継続が必要です。入園者が多い時期や日時があれば、仕様で決められた回数にこだわらず、チェックを行い、汚れていれば清掃する維持管理の応用力が必要です。

> **ここがポイント！**
> ・魅力、アクセス、生理現象対応（トイレ）、情報提供全てが必要。
> ・飲食等のサービス施設は魅力の大きな要因。
> ・アクセスは周辺駅や交通機関等も念頭に計画すること。
> ・園内アクセスは移動手段が選べると魅力になる。
> ・生理現象対応は箇所数、設置位置、多様性に配慮。
> ・情報は多言語で解りやすく。情報内容によって発信手法を変える。

1.5 サービスの高度化のために

　公園の運営管理は、利用者へのサービスと言っても過言ではありません。サービスはハードとソフトの両輪によって効果を発揮するものです。従ってハードを整備するために設計図があるよう、ソフトにも設計図といえる各種の運営手法があり、それを実現するためには人の訓練プログラムが必要となります。

　たとえば、最も解りやすいのが、トイレです。トイレは、日々進化を遂げていますが、それによって機器の使い勝手が異なる場合があります。水栓はハンドルからボタンやセンサーに変わってきました。設置位置もさまざまです。目が見える人にとっても、わかりづらく面食らう場面がありますので、見えない人にとってはなおさらです。したがって仕様が変わっても設置場所は統一するなどは必要な配慮です。

　また、清潔を維持するために、時間を限定しないで清掃担当者が頻繁に出入りすることが増えました。その時、清掃中の看板があると利用者は入れない感じを受けます。清掃中は床面に水が撒いてあるなどで、滑ることを避けるために入らないよう看板を立てます。しかし、すべての便房を一度に清掃できるわけではありません。そこで清掃途中の対応として、清掃

担当者は現在の使える便房はどこかを利用者に教えることや、フロアの水撒きや拭き取りのタイミングを見計らって清掃中の看板を立てるなどの運営方針を新たに加えることなどです。清掃途中であっても高齢者などは、別の場所に移動する余裕がない場合も多いので大いに助かります。

　これは例の一つですが、基本の運営プログラムが杓子定規にならないよう、利用者が最も安心できるように常に工夫し、スパイラルアップを目指しましょう。

2　公園を巡る対立

2.1　公園ニーズの違いと対立の原因

　公共空間である公園は、多くの人、多様な属性の人が集まるので、公園の利用者間でもさまざまな主張の違い、意見の食い違いなどの対立が起こることがあります。さらに、公園に多くの人が集まったことで起こる音などが居住環境へ影響して、利用者と公園外周の居住者との間の軋轢となることがあります。

　このように公園の中では利用者間で、公園とその外周では公園利用者と地域住民間での対立と衝突が起きていることになります。公園は不特定多数の人が集まる場所であるがゆえにさまざまな対立や衝突が内包されているといえます。

　みんなが集い憩うはずの公園で対立が起きている状況は少し残念な気もしますが、私たちはこのような状況を解消していくプロセスを怠ることなく、入念な検討によって、より良い公園を作っていくことに注力していきたいと考えています。

　ここでは、まず、どこに公園と周辺環境の対立点があるのかをつまびらかにしたいと思います。続いて、公園内では基本の視点となる「アクセス」「生理現象への対応」「情報提供」の3項目について、どのような対立軸があるのかを整理します。

2.2　公園は迷惑施設?

　皆さんは「公園は迷惑施設である」という主張を聞いたことがあるでしょうか。とくに都市部では、公共の空間であるはずの公園が歓迎されない状況が多々あります。

この状況は、一般的に"NIMBY（ニンビー）問題"とよばれています。

「Not In My Back-Yard」つまり、「私の家の裏の隣接地でなければ……」ということです。たとえば保育所は必要だが……、ゴミ処理場は必要だが……、火葬場は必要だが…、発電所は必要だが……、空港は必要だが……、と同様に公園は必要だが、自宅周辺への設置は反対という個人的見解のことです。

> **NIMBY問題**
> 豆知識 Not In My Back-Yardの頭文字をとったもの。理念としては賛成だが、現実問題として自分にその迷惑が及ぶと反対に回る。

公園には子どもをはじめさまざまな人が集まり、さまざまな活動が行われますから、「子どもの声がうるさい」「ボールがぶつかってけがをしたらどうする」「浮浪者などの好ましくない人が集まり、物騒である」といったネガティブな想定のもとに、公園＝迷惑施設という主張が公園の立地する周辺の人たちの意見となることがあるのです。

2.3 いつから公園は迷惑施設になったのか

NIMBY問題は、新しいようで実は、古い問題であるといえます。たとえば、福祉関連施設が、居住地内ではなく郊外に設置されたことなどはその典型例です。また、公園だけでなく、小学校や保育園は、以前は住環境と近接することが望ましいとされて施設配置を行い、子どもの大きな声がしても、子育て世代が多くを占めていたことや、子どもは地域で育てるものという意識があった時代には、それらの状況は許容され、問題視されることはほとんどありませんでした。しかし、小学校や保育園も今ではNIMBY問題の一つです。少子高齢化や、新旧住民の意識の違いと地域コミュニティの希薄化、さらに権利意識の拡大などから、自分の生活が害される施設に対して、迷惑施設であるという主張が尖鋭化したのだと思われます。

かつて、東京都の「都民の健康と安全を確保する環境に関する条例（平成12年東京都条例第215号　略称：環境確保条例）」には、子どもの声は単なる騒音として基準値による規制の対象でしかありませんでした。しかし、2015（平成27）年4月の改正によって、「数値規制を適用するのではなく、人の健康や生活環境に障害を及ぼすおそれのある程度を超えているか否かによって判断される」「単に音の大きさだけによるのではなく、音の種類や発生頻度、影響の程度、音を発生させる行為の公益上の必要性、所在地の地域環境、関係者同士でなされた話し合いやコミュニケーションの程度

や内容、原因者が講じた防止措置の有無や内容等を十分に調査した上で、総合的に考察する」(環境確保条例における「子供の声等に関する規制の見直しについて」(本文)より)との見解が出されました。

　問題の類似例では、「公園が暗くて危険」といった意見を受けて防犯の観点から公園を明るい照明に変えたところ、周辺住民から「明る過ぎて眠れない(光害問題)」とか、良好な環境改善として植栽や水景施設を整備すると「虫や蚊が出る(環境問題)」「植栽で死角ができ、危ない(防犯問題)」といった苦情が出たりすることがあります。また、犬のリードを外しての散歩や、糞の始末がしてなかったり、ゴミを放置したりといった利用者のモラルに反するエゴな行動など、モラルを守っている住民や利用者にとって我慢しかねる状況も多く見受けられます。価値観の異なる地域住民のエゴのぶつかり合いですが、その課題を公園が内包しているとも取れるので、そのような不快な生活に繋がるのであれば、公園はいらないということになるのも、わからないではありません。が、公園の近くに住む地域住民は、公園の利用者でもあるのですから「私の家の近くに公園ができて、マナーの悪い利用者が多くて困る」という主張は、自分以外は正しくないとした主張であり、一方的であると言わざるをえません。このように、公園のような公共性が高く、どこにでもあって、誰でも利用できる施設では、誰もが自分流を通すことで他者に迷惑をかけてしまうと同時に、他者からの迷惑を被ってしまう可能性もあるということです。

　属性の異なる多くの人が集まる公園だからこそ、自分の権利を主張するだけではなく「譲り合い」「お互い様」「他者を思いやる」心が必要だと考えます。これがユニバーサルデザインの目指す「心の障壁」の解決に繋がることでしょう。公園内の問題が生じた場合は、解決案をもって、まず最も影響を受けやすい公園に隣接する人を優先して生活に支障がないか確認することが必要です。その後に、隣接の住民と周辺住民を交えてより良い効果的な方法をみんなで考えれば、解決に向けて動き出すことができるので、初動はどこに配慮するかが重要です。

　この例のように、一方の主張と他方の主張の食い違いや対立軸を知ることは、公園のユニバーサルデザイン化にとって非常に重要なことです。

2.4　バリアフリーコンフリクトを意識しよう

　バリアフリーコンフリクトとは一般的には、「バリアフリー化したことによって生じた別の問題」「バリアフリー化によって引き起こされる対立

車いすも入れない状況でスロープが設置されている矛盾

さまざまな目的、機能が集約されているが一度に使えるのは一人だけである（「多様な利用者に配慮したトイレの整備方策に関する調査研究　報告書」国土交通省、平成24年）

や衝突」と理解されています。バリアは「障壁」、「フリー」は取り除く、コンフリクトは「対立」という意味です。

　たとえば、公園利用と自転車の問題。自転車は軽車両ですから本来は車道の左側を走ることが前提です。すなわち、公園は自転車を乗り入れる場所ではありません。しかし、車いすによるアクセス性を向上させるために実施したバリアフリー化の工夫が、自転車でアプローチしやすいという別の問題（バリアフリーコンフリクト）を引き起こしたと考えられます。この問題を詳細に見てみると、市街地の小さな公園では、普通の自転車で走ること自体が問題ですから、進入を防ぐための方策が必要ですが、国営公園や運動公園のなかにはレクリエーション施設としてサイクリングロード整備をしている公園があります。この場合は、歩車分離に配慮し、双方が安心して公園を利用できるように設えることが必要になります。

　このように一言で「自転車の問題」と言っても問題の本質も解決の方向性もさまざまです。私たちはバリアフリーコンフリクトの一言で片付けず、**問題の本質とその場所に応じた最適な解決を提案する**ことが真のユニバーサルデザインであると信じています。

2.5　バリアフリーデザインにおける基本事項と対立点

　表4-2の通り、公園を利用する人たちの間にはさまざまな対立や軋轢が生じます。しかしこれを詳細に見てみると、いくつかのパターンに類型化できることがわかります。このようなバリアフリーコンフリクトは公園の規模や立地によって、問題の重心が異なってきます。

2 公園を巡る対立

表4-2 公園別、対立要素の例

	アクセス		生理現象への対応	情報提供
	車止め	点字誘導ブロック		
市街地の小さな公園	○自転車・バイクの進入禁止 ○前面道路への飛び出し防止 ×車いすやベビーカーが公園に入りにくい	○視覚障害者への配慮 ○前面道路への飛び出し防止 ×つまづきの原因となる ×車いすやベビーカーが走行しにくい	※整備数は多くない	※整備数は多くない
市街地の大きい公園	○自転車・バイクの進入禁止エリアを設定 ○歩行者等と自転車の交錯を防ぐ ×小さな公園とおなじような入口を狭窄するような整備は適当でない		○さまざまな利用者が長時間過ごすことが多いことを想定し、それぞれに対応するトイレを整備する ×数の限定された「多目的便房」は一度に使用できる人が限られる	○公園内の案内を適切に行う ○園内の見所などを紹介する ○視覚障害者や聴覚障害者、外国人へ適切に対応する体制を整える ×一つのサインで多種の情報を提供すると、あらゆる人にとって使いにくくなる
都心部の公園	○自転車・バイクの進入禁止 ○前面道路への飛び出し防止 ×車いすやベビーカーが公園に入りにくい			○公園内の案内を適切に行う ×一つのサインで多種の情報を提供すると、あらゆる人にとって使いにくくなる
自然地の公園	○自転車・バイクの進入禁止 ×車いすやベビーカーが公園に入りにくい	○視覚障害者への配慮 ×地形自体が複雑であったり、誘導ブロックを敷設するのに適切でない舗装材が使用されたりすることもある		○公園内の案内を適切に行う ○園内の見所などを紹介する ○視覚障害者や聴覚障害者、外国人へ適切に対応する体制を整える ×一つのサインで多種の情報を提供すると、あらゆる人にとって使いにくくなる
歴史的施設のある公園				

「アクセス」

①車止めの設置による通りにくさと②点字誘導ブロックの敷設による通りにくさがあげられます。

車止めは、車両や自転車、バイクなど、軽車両の進入禁止と公園から道路への不意の飛び出しを防止する観点で設置されていますが、それによって、車いす使用者や視覚障害者、ベビーカー、大きな荷物を持った人などが不便を強いられているケースが見受けられます。

点字誘導ブロックは視覚障害者には必要な設備ですが、これを敷設することによって路面に凹凸が生じるため、車いすやベビーカーにとっては小さな車輪が捕られて走行しづらいことがあります。また、機能低下や麻痺によって足を高く上げられない歩行者にはつまずいて転倒の危険があるなど歩きづらい状況を作り出してしまいます。

「生理現象への対応」

生理現象対応は誰にも必要なもので、「一番緊急事態に陥っている人が一番の弱者」という名言もあります。しかし、必要な設備は人によって違ってきます。たとえば、車いす使用者は車いすで入る大きなスペースをもった便房を必要とします。ストーマを持つ人は排泄時に特別な設備を使用し、洗浄などで時間が必要となりますが、大きな便房である必要はありません。幼児を連れた保護者はおしめ替えのスペースは必要ですが、その他の設備は不要です。現在の多目的トイレは、これらの機能がすべて整っていますが、数が少ないために、生理現象をもよおした人は、行列することになりますが、使える機能はその人に必要な一つだけです。

このような状況は、便房の多機能化・多目的化と、設置数が少ないことが利用者間の対立や不便を生み出しているといえます。

「情報提供」

ほとんど対立は見られません。まず、情報の量は、多い方が誰にとってもメリットのあることで、情報が少ないことによる不具合はあっても、情報が多いことによる対立はほとんど生じません。

ただし、情報量と表示方法、設置場所は注意が必要になります。多過ぎると必要な情報を見つけにくいので、見過ごしてしまうという問題が生じます。また、色弱の人には見えやすい配慮をした配色による表示や、弱視の人には文字の大きさ、見る人と情報施設の距離や設置場所への配慮

が必要になります。全盲の人は、視覚情報は得られないので、音声による情報が必要です。

このように利用者の属性によって、さまざまな対立や衝突が起こります。ある属性をもつ人に配慮したことが、他の属性をもつ人にとって新たな障壁(バリア)になることがあり得ることを意識することは、多くの人に優しい、ユニバーサルデザインを意識した公園を実現するための第一歩になります。

3　施設整備と管理運営

　ここでは、公園のユニバーサルデザインを実現し、魅力ある公園の価値を向上する具体的要素について考えてみたいと思います。どのような公園にも共通に検討されるべき施設と、それらの効果効用を果すための管理運営があります。
　そこで、公園に共通する基本的施設と管理運営について考えてみます。

1 | 公園の7つの共通施設
　ここでは公園を構成する施設のうち
1. 駐車場
2. 出入口
3. 園路、階段、スロープ
4. トイレ
5. 情報提供
6. 休憩所
7. 照明

の7つを公園のユニバーサルデザインの質を向上するための共通施設として取り上げます。このうち、駐車場、出入口、園路は、おもに「アクセス」に関係します。トイレは「生理現象への対応」、Webやサインなどは、「情報提供」です。そして、休憩所や照明は公園の「魅力」作りに関わる施設です。
　駐車場、園路とそれに付帯する出入口、トイレ、また情報の一部として標識と掲示板、休憩所は特定公園施設ですから整備のための基準が設け

られています。

　これらの施設は、基準はもとより、管理運営などによってより効果をあげる施設として取り上げています。

2｜管理運営の主な項目

　公園の管理運営の内容は主に以下の項目です。
① 維持管理
　・設備等を含む施設管理（清掃・点検・補修等）
　・植物管理（剪定・施肥等維持育成に関する植栽管理、植付け、水やり、施肥、花がら摘み等の維持育成に関する花壇管理）
② 運営管理／自主事業・委託事業（施設運営・イベント等の開催）
　対象となる公園や園内施設を活用し、公園の利用効果を高めると考えられる各種の提案型事業。飲食サービス系、健康・スポーツ系、自然教育系、歴史・文化系、子どもの遊び系、園芸系などのさまざまなイベントの実施。系統別の委託事業の場合もある
③ 危機管理
　安全管理マニュアルの整備、危機管理ネットワークの構築、事故対応の仕組みと体制の構築、安全管理の本部組織の構築と報告、安全・防犯のための巡回等
④ 法令管理
　公園施設の財産管理と公園台帳の管理
　専用と使用に関する事項

3｜各施設と管理運営のポイント

　以上の項目のうち、前出の7つの施設と直接関わる日常の管理項目は、①の設備等を含む施設管理（清掃・点検・補修等）です。施設利用の快適性や安全性を維持、継続することになります。

　各施設は、整備後から劣化が始まります。概ね一定の耐久年数はありますが、人気がある施設、常時使われる施設は劣化も早まります。また、軽かった傷みでも、長い期間、風雨に晒されると急速に劣化、腐敗などが進む場合もあります。したがって管理不要の施設はないことを前提とし、安全を念頭に置いて管理を怠りなく行いましょう。

　さらに施設ごとの管理運営面のポイントに注目すれば、施設自体の魅力は向上します。

1. 駐車場……情報を含めてスムーズな誘導案内をする
2. 出入口……利用者に必要な対応ができる窓口機能を具備する
3. 園路……歩いて、たたずんで楽しめる景色づくりをする
4. トイレ……清潔と快適さの維持により、人の尊厳を損なうことがない管理をする
5. 情報提供……誰にでも解りやすく、行く前から当該公園の楽しさが想像できる情報発信の工夫をする
6. 休憩所……魅力的な場所で、場所に馴染むサービスを充実する
7. 照明……安全のためのみならず夜も楽しめる演出をする

4　7つの共通施設をグッドプラクティスに

　各施設のグッドプラクティスは、基準が満たされていることを前提として、公園を楽しんでもらうためのより良い方法を示しています。グッドプラクティスはいろいろな段階がありますので、まずはグッドプラクティスの全容を把握してください。それから優先順位を考え、利用者にとってすぐにでも行うべき事柄、また、将来を見据えて行うべき事柄を検討してください。

4.1　駐車場のグッドプラクティス
1｜スムーズな障害者用ブースへ誘導の工夫

　障害者や高齢者の人が、比較的遠方の公園に行く場合、自動車での移動は大変便利で、活用する人は多いです。そこでまず、公園の駐車場は障害者ブースの有無がわかる事前の情報が必要です。次は、現地入口に近づいた時に車のスピードでも見失うことのない位置へ見やすい大きさで入口までの距離を記した駐車場看板を設置し、そして駐車場の入口では障害者用ブースの位置方向を明示して、スムーズに到達できることが必要です。これが一連の流れになって、迷うことなく誘導されなければなりません。

　また、駐車ブースが正しく活用されるよう、パーキングパーミッション制度を利用すると良いでしょう。

　障害者対応の駐車場数は少ないので、将来的にはWebを活用した予約システムができると便利です。

2 | 有事への工夫（エリアの割付計画）

災害の折には地域の拠点となる公園が、物資供給の基地となります。一方で、被災者は車の中で過ごす人が多くなります。そこで周辺の車道との関係を十分に考え、物資搬入用の車両の出入りと駐車範囲、人の集散などを考え、一般車は駐車場以外の園内導入が必要な場合が想定されます。そうなった時のエリア設定（園路、広場等）を想定しておき、スムーズに誘導できる準備をしておきましょう。

3 | イベント等での誘導の工夫

駐車場が1カ所の場合、イベント会場は駐車場に近い場所に設営し、園内アクセスの利便に供しましょう。駐車場が複数箇所ある場合は、イベント会場に最も近い駐車場を障害者車両優先の駐車場とし、会場への誘導を短距離で明示することが親切です。

とりわけ、パラスポーツイベントの場合は、アスリート、見学者ともに車いすユーザーが多くなりますので、車いすユーザーの乗降に対応できるよう、普通幅の駐車場3台分を障害者車両は2台分にして誘導すればいいでしょう。

また、報道関係等の車両の駐車スペースは、一般車両やアスリート車両と動線が交差しない入口で、そのためのスペースを確保することや、入場の時間調整を行い、車両別にスムーズな誘導をする必要があります。

4 | 屋根付き駐車場と屋根付き園路

車いすユーザーは、車いすの上げ下ろし作業で、雨天であっても乗降時に傘をさすことができません。また、脊椎損傷者は体温調整機能が低下し

身障者用駐車スペースと通路の屋根。車いす利用者は、自動車を利用した単独行動の人も多い。車から車いすを降ろし、移乗し、荷物の積み下ろしを全て両手で行うため、雨天には傘を差さずに行為ができる駐車スペースが望ましい（国営吉野ケ里歴史公園）

パーキング・パーミッション（parking permission）制度

豆知識　「駐車許可（証）」。パーミッション制度とは、地方自治体が身障者、高齢者、難病患者、妊婦、けが人などに利用許可証を発行し、駐車スペースを利用する正規利用者を識別し利用できるようにする仕組み。一般的には自治体、警察（公安委員会）が発行する駐車禁止等除外標章（身体障害者用）のことを示す。

駐車禁止等除外標章（パーミッション）の例（佐賀県・滋賀県）

ているケースがよくあります。このため、雨天の乗降時には雨を避けられ、夏の晴天時には駐車中の車内の温度が上がりにくい、屋根付き駐車場の効用は大きいといえます。

　また、車いすユーザーが雨天時に公園を利用するケースは少ないと思われますが、公園で開催される集会やイベントなどの場合は天気にかかわらず利用があることが想定されます。このため、障害者駐車場から集会機能を有する施設までの園路を屋根付きにすることは非常に喜ばれる整備です。

5｜グッドプラクティス

① 公園駐車場の有無、位置、アクセスに関する情報提供
- Webサイトで一般の駐車場の有無と障害者対応駐車場の有無、駐車可能台数、位置図を提供
- 電話での問い合わせ番号の告知。Webを活用しない人のために、Webサイトと同質の内容を電話対応
- 車走行に即して情報を確認できる流れをつくる
  - 上下車線から駐車場入口が予測できる位置への案内板の設置
  - 駐車場入口での障害者対応駐車場方向への誘導の案内板設置
- パーキングパーミッション制度の利用

② 災害時の乗入れ区域及びルートを想定した要領の作成とスムーズな誘導手法の設定

③ パラスポーツイベント時など、多数の車いすユーザーの利用が見込まれる際の駐車要領の作成と誘導手法の設定
- 3台分を障害者用車両2台で利用する

④ 報道関係車両の動線と駐車スペースの確保。入園時間設定等の工夫
- 早めの入園など

⑤ 駐車場及び駐車場から集会機能施設までの園路の屋根付き化
⑥ 障害者対応の駐車場のWeb予約システムの整備

4.2　出入口のグッドプラクティス

1｜管理管轄の違う接続の工夫

　公園の出入口は、道路や歩道、場合によっては駅などに接続しています。その場合、公園と道路は整備の管轄が異なりますので管轄の境界に段差などの不具合が生じないように配慮しなければなりません。

　しかし、大きな高低差がある場合などは、エレベーターなどの大がかりな施設整備が必要となる場合もあり、単純な擦りつけ工事では済まない場合もあります。双方で十分な協議を行い、単純な擦りつけで済む場合であれば、新たに施工を行う側が仕上げることとし、大がかりな場合は、関係機関の双方で最もよい方法と負担の分配等の協議が必要となります。

2｜周辺調査とルールづくりの工夫

　出入口は園内と園外を繋ぐ点であり、園内移動の起点という2つの役割があります。そして松葉杖利用者、視覚障害者等歩行に注意が必要な人や、車いす、電動車いす、シニアカー、大型化するベビーカーなどさまざまな車輪付きの機器を移動の足とする人の入園を促す場となります。

　出入口は、歩道のある車道、歩道のない狭い車道に接する場合があります。車の通行量や路上駐車状況、近隣に学校、福祉関連施設がある場合は通学、通所のルートになっていないか、住宅の位置など、外周環境との関係を調査しましょう。そして、調査結果をもって利用者をはじめとする関

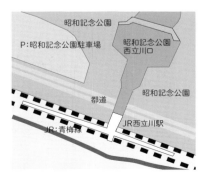

管理区分が異なる場所での連続性の確保とフラット化。JR西立川駅では、昭和記念公園の入口との接続を改札口のフロアから跨線橋でフラットに接続し、上り下りなく公園に入園が可能。これは駅、道路、公園と管理区分が異なる管理者の協働によって解決された好例

係者のあいだで協議が必要です。法のもとに自転車は公園で走れないことの確認や、出入口環境の危険の認識を共有することも必要です。その上で、入口の相応しい位置と箇所数の検討や利用のルールづくりを協議しましょう。

3｜駐輪場と注意喚起の行動・表示の工夫

　自転車は軽車両ですから公園で乗車できませんが、それを知らない人が多くいます。そこで、公園の入口にスペースがある場所では、駐輪場を設け、さらに「自転車進入禁止」の注意喚起をするマークを付けましょう。自転車と子どもや老人が追突してけがをして、関係者全員がいやな思いをする前に、違法であること、また法を無視して歩行者に追突した場合は過失責任が生じること。管理者はこの意識を忘れず、責任をもって違法性と危険性を自転車ユーザーに伝える努力をお願いします。

　公園管理を担当する地域のコミュニティがある場合は、率先して利用マナーの啓発を行う方法を決めて実行することが有効です。

　一方、公園の近くに集客性が高い駅や商業施設がある場合、公園が駅や商業施設利用者の「駐輪場」になると公園利用の妨げになります。商業施設や駅での適切な規模の駐輪場、駐車場の設置が求められることや、施設利用のモラルに関するルールづくりと意識向上に向けた活動を、各施設管理者が積極的に社会活動として実施することなどは、行政からの申入れが必要です。

　また、近年、小さな子どもが乗るペダルのない自転車や補助輪付の自転車は子どもの遊び道具として持込みを認める場合があります。その場合は、使い方、使う場所などのルールを整え、保護者に知ってもらう必要があります。遊び方をプログラムにして園内で具体的な使い方の実践を行

車両進入禁止を示すサイン例

子どもの足こぎ自転車

うと親子ともに理解を深めることに繋がります。

　ルールづくりは、紙に書いて渡すだけではなく、現地で実際に利用のし方を体感してもらい、安全に対する意識を高めることを繰り返し行うという方法も運営の努力目標としては重要です。

4｜入口の位置と形状の工夫

　小さな子どもの利用が多い小さな公園では、遊びに夢中になり、注意よりも体が先に動いて、突然走る、転ぶ、飛び出すことが事故に繋がることがあるので、安全への配慮が重要です。とりわけ車との接触が考えられる出入口では、危険を回避する工夫が必要です。出入口の設置場所や形状、仕掛けなどを考え、最も相応しい方法を採用しましょう（132頁参照）。

出入口に溜まり空間をつくる

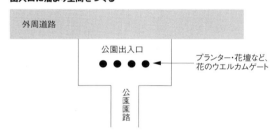

出入口手前をクランク型の園路にする

出入口と横断歩道をずらす

図4-2　入口の位置と形状の工夫

5 | 軽車両（自転車・バイク）の進入禁止の工夫

　自転車やバイクの進入阻止が注意看板だけでは解消されない公園では車止めを設置する場合が多いのですが、利用者側からすればスムーズに入園しにくい出入口となっていることがあります。とくに視覚障害の人には車止めは設置場所の特定が困難で、けがに繋がることや、スムーズに入園できない状況は、入園を拒絶された感じを受けるそうです。歩いて公園に来園する人は、入口は広々と障害物なく入れることを希望しています。

　まず、利用時間を決め、夜中の利用はしない方法も検討しましょう。防犯面でも有効です。出入口の封鎖方法は移動できる簡易な柵とネットなどで行い、人も自転車等も入れないことを示します。開園時間には柵とネットを撤収して何もない状態にします。そして、管理者は、誰にもそれとわかる警備パトロールユニフォームを着用した人を配備し、昼夜のパトロールによってルール違反には注意喚起を促します。警察とも協議し、犯罪や事故、軽車両進入などの法律違反がない場所にすることを行動で表すようにしましょう。このように利用者を守るために公園管理者の強い意志を社会に示すことが、利用者の信頼を生み、良好な協力関係が構築できます。誰もが楽しく公園で過ごすことができるためには、最初が肝心です。新整備、再整備にかかわらず、この点が公園のユニバーサルデザインのスタートになることをまず考えましょう。

　そして多くの利用者が利用を見守り、一人一人の勇気ある注意喚起によって自転車の乗入れなどのルールの違反者がなくなるような行動の取組みを積極的に行う管理運営が大事だと考えます。

　また、人的対応を継続的に行うことが不可能な場合には、監視・通報装置、AI技術などにより自転車などの不法進入にはストッパーがかかるなど、簡易でローコストな技術活発にも期待したいと思います。

昼間は写真の自転車進入禁止の看板のみ。22時から7時まで店舗とともに閉園。全入口は簡易柵に網かけをする。夜間防犯や自転車進入禁止の管理には力点を置いてオープンな出入口となっている（てんしば）

6 | 案内拠点・危機管理拠点としての工夫

比較的大きな公園の入口は、複数の入口に案内板が設置されていますが、案内所はほぼ1カ所か、全くない場合もあります。移動機器などの貸出し所だけの場合もあります。

しかし、出入口は、案内拠点はもとより有事の際の危機管理拠点でもあります。比較的大きな公園の場合は、主要な出入口に案内所を設けて日常に必要な案内機能を具備し、さらには危機管理拠点としての必要設備を具備する努力をしましょう。少人数での窓口対応であればなおさら、常に準備内容が確認でき、すぐに機能が発揮できて行動に移せる体制を備えましょう。

また、園内のイベントの規模によっては、複数の出入口に仮設の案内所を設ける必要もあります。

高齢者や障害者の人にとっては多数の説明看板よりも、一人の親切な案内人の所在の方が心強いと思います。

7 | グッドプラクティス

① **他の管理者との協議と役割分担（境界部）**
・公園の出入口と管理区分が異なる建築物、駅、道路等の施設の境界線は協議のうえ、連続性の確保を行う
 - 縁石のフラット化、舗装素材の均一化等の処理など
・高低差の解消方法の協議と対応
 - エレベーター、エスカレーターの設置など

② **周辺環境調査とそれをもとに住民との協議**
・道路、施設等の関係の調査による現状確認、課題抽出
 - 出入口の位置、箇所数等の検討
・駐輪場の設置の検討と、車両進入禁止サインの整備
・管理者、利用者による軽車両の進入禁止の声かけルールの検討と整備
・商業施設等への申入れ（住民団体から行政へ依頼）
 - 公園を駐輪場にしないように、自社で駐輪場や駐車場を設置することへの申入れ

③ **安全確保のための入口デザイン。ウエルカムゲート（いったん進入を止めるプランター、花壇等）の整備など**
・一時避難地を想定すると、さまざまな方角から速やかに入園ができるように複数の入口を設置する
・すべての利用者が声かけして手助けできるような雰囲気作り、コミュニティ作りのためのサークル活動の運営

④ **利用時間制限のルールづくり。パトロール等による防犯やルール違反の管理**

⑤ **案内所の設置と必要に応じた機器の具備**
・情報提供(園内案内や危機管理案内)(112頁参照)
・移動のサポート機器やガイドの設置

4.3　園路・階段・スロープのグッドプラクティス

1 | 地形とルート設定の工夫

　園路が平坦地の通路であれば問題はありませんが、高低差がある場所では、階段やスロープを配し、到達し易いようにします。そして、そのルートは散策が楽しめるよう景観に配慮したルートにしましょう。

　高低差の大きい場所は、基準に沿うと長いスロープになってしまい、結果として誰にとっても使い勝手の悪い施設になってしまいます。車いす利用者が自力では行けない場合もあると考えておきましょう。

　そして、高低差のある場所が園内で最も魅力的な景勝を体験できる場合や、競技場のように観覧席が高い場所にある場合などは、スロープではなく、リフトエレベーターやエスカレーターなど、各種の代替手段でアクセスできる方法を考えましょう。

2 | 移動手段の工夫

　広い公園では、車いすなど移動をサポートする機器の貸出しはすでに定着しつつあります。

　バスや園内移動自動車など、全園を移動するための乗り物は、出入口近くに乗降場を設け、速やかに乗り場へ誘導できる配置とします。また、園内では、園路が敷設された空間や広場、地形の高低差による特徴のある場所など園内の多種多様な空間体験ができるよう、場所ごとに移動手段が選択できれば、雰囲気に合せた楽しみ方ができ、炎天下や寒さや風の強い場合などには、皆が利用したい手段となります。

3 | 素材と色彩の工夫

　園路の仕上げには、さまざまな床材が開発されています。歩行に快適な素材選びは魅力向上の一つになりますので、機能性や環境に合った素材を選びましょう。

　たとえば舗装表面に赤外線を反射させる遮熱性樹脂を塗布することや、遮熱モルタルを充填することによ

> **輝度比(きどひ)**
>
> 豆知識　別々の物体(色)のコントラスト。色の濃淡の差を示す。濃淡が強い(輝度比が高い)ほど見えやすい。

り、一般の密粒度アスファルト舗装に比べ、夏季における昼間の路面温度を10℃以上低減でき、炎天下での園路の輻射熱を抑えることができます。また遮熱性舗装は、夜間の舗装面からの放熱を抑えることができます。

この方法は、基盤から改修する必要はなく、現状に追加する方法ですからコスト面でも魅力があります。

アスファルト舗装の他にも、意匠性が高く景観に配慮した色彩演出が可能な、遮熱性平板や遮熱性インターロッキングは透水性や保水性があり、路面温度の低減効果に加え、排水性や騒音低減効果との両立も可能となります。

また、色弱や弱視の人や高齢者の階段の踏み外しや転落を防止するために、段鼻に明度差をつけ境目が認識できる配慮を行います（3頁参照）。

階段における床材の輝度比は、東京都の基準では輝度比1：2.5以上が必要と定められています。全盲の人には、表面に凸凹のあるタイルなどで段差部の危険認識ができる配慮が必要です。

4｜グッドプラクティス

① **魅力的で多様な園路の設定**
- 魅力施設まで地形を配慮した・スロープ、階段に景観に配慮した空間をセット。
- 長すぎるスロープを作らない。
- 園路の状況に応じて、リフトエレベーターやエスカレーター等による高低差の解消。

② **ルートの特徴に合った移動手段の提供**
- 長い距離には電気自動車、パークトレイン
- 車いす利用者にはジンリキ、ハンドサイクル
- 海浜や砂利舗装には太いタイヤの車いす等

③ **適切な素材や色彩の選択**
- 園路の輻射熱を抑制するために遮熱舗装を行う。
- 通路交差部や階段段鼻などは輝度差を確保して安全性を確保。

4.4　トイレのグッドプラクティス

快適を提供する施設のなかでも、生理現象への対応施設であるトイレは、最も配慮すべき施設として検討されなければなりません。公園には、暗い、汚い、臭うといったトイレがまだ多く存在しますので、整備のなかでは優先事項として捉えるべきです。

4 7つの共通施設をグッドプラクティスに

景観に配慮したスロープデザイン／花を眺めながら散策できるスロープ。植栽の色彩や景観ポイントへの休憩スペースなどに配慮し、誰もが楽しめる

園内を周回する移動手段としてのバスやパークトレインは、公園内の名所を案内し、子どもからお年寄りまでが楽しみながら長距離を足に負荷なく移動できる。リフト付のパークトレイン（バス）は、車いす利用者と介助者、ベビーカー利用者もそのまま乗車することができる

電気自動車による移動サービス

ハンドサイクル／ハンドルを手でまわしてこぐ自転車。スピードもあり、乗り物としても形良く、楽しい

太いタイヤの車いす／砂地や芝地でも動かしやすい

じんりき JINRIKI®（ジンリキ）／通常の車いすに引手の装着が可能な車いすサポート装置。装着後は前輪を「浮かせて引く」ことで坂道はもちろん、段差や積雪・砂利道・ぬかるみなどを人力車のように引いて移動できる。装置と引手がいれば悪路でもスムーズな移動を可能にする

1 | 設置場所の工夫

　トイレを新整備する場合、設置場所を再考しましょう。従来は目立たない場所や生け垣の影などに設置される場合がありましたが、今後は休憩場所に近接し、休憩を兼ねてトイレの用が足せる場所にすると、同伴の人がトイレの前で所在無げに待つ必要がなくなります。

2 | 機能を分散した便房の工夫

　多機能便房は目的の機能を必要とする利用者が使うことができますが、一つの便房に機能を集中させることにより、混み合うことがあります。また、着替えなどの利用で、生理現象を早く解消したい人がすぐに使えないという弊害もあります。

　トイレの数と利用者目線による多様性を考慮して各トイレブースに機能を分散することや、ベビーベッドは便房の外に設置するなどの検討をしましょう。

　トイレは、日々進化を遂げていますが、それによって機器の使い勝手が異なる場合があります。水栓はハンドルからボタンやセンサーに替わってきました。設置位置もさまざまです。目が見える人にとっても、わかりづらく面食らう場面があるので、見えない人にとってはなおさらです。したがって方法が変わっても設置位置は園内全体で統一し、誰もがわかるように配慮しましょう。

3 | 清潔の維持と清潔を知らせる工夫

　良いトイレは、清掃が行き届き、明るく清潔で臭わないことが大切です。よく使われるトイレは自ずと清掃頻度も多く、清潔性も安全性も高まります。さらに清掃時間などの情報をWeb上でもリアルタイムで発信

子ども専用のトイレ棟に多機能便房を3カ所設置したトイレ棟。男子トイレにもベビーベッドを設置

し、誰もがいつも清潔なトイレを使える工夫をしましょう。

4｜案内表示の工夫

トイレの入口に点字によってブースの配置を案内する例を多く見受けるようになりました。しかし、案内板の設置位置はさまざまで、案内板の前に人が立っていれば、視覚障害の人は、案内板に到達することさえ困難な場合があります。これは配慮の割にあまり機能していない例といえます。視覚障害の場合は一般の便房を使いますので、空室の表示はさておき、男女別がわかりやすい大きさと表示方法であることが第一です。空きについては並んでいる人に聞くのが一番確実です。

5｜非日常用トイレの工夫

災害対応用のマンホールトイレがある場合は、車いす利用者と介助者の利用ができるよう、あらかじめ使い勝手をシミュレーションして、マンホールを囲う大型の専用仮設テントを具備しておきましょう。

また、一時避難地となる公園は、災害時における「トイレ難民」を出さないよう、イベント時同様にアクセスが容易なユニバーサルデザインの仮設トイレの設置が必要です。

これらの整備後は、ユニバーサルデザインの基本情報としてWeb上にも掲載することを忘れないでください。

6｜グッドプラクティス

① 新規整備の場合は、配置場所を再考する
- 設置位置(出入口、動線、魅力の場所、休憩所との関係)などに配慮する

② 男女別に機能分散型トイレの設置または改良
- 和式便座から洋式便座への改修
- 洗浄のためのボタンやセンサーの設置位置の統一
- おむつ台は別置、オストメイトは簡易型の洗浄器具を複数箇所用意
- 異性介助者対応便房を入口近くへ設置
- トイレの入口でトイレ内の機能が確認できるサインの設置
- 整備情報をWebへ掲載

③ 清潔と安全の確保と情報提供
- 利用に応じた清掃計画とリアルタイムの清掃状況の情報提供

④ イベント時、災害時の仮設トイレは、車いす対応トイレを設置する
- 災害対応用のマンホールトイレは車いす利用者、介助者が利用できる大型の仮設テ

ントを具備
・シミュレーション実施

4.5 情報提供のグッドプラクティス

　情報は質(鮮度と精度)と量(広さ、深さ)です。現在ではインターネットを通じてさまざまな情報提供が行なわれ、誰もが簡単に情報を得られるようになりました。総務省の情報通信白書(平成26年版)によると、スマートフォンの保有率は53.5%、PCの保有率は86.9%です。また、スマートフォンを含めた携帯電話の保有率は154%です。スマートフォンが苦手な高齢者などは、インターネットを介さないまでも、情報を必要とする場合には手っとり早く携帯電話で問い合わせをすることが想定されますので、インターネットと電話の両方に対応した情報提供が必要です。

　一方、高齢社会への具現化として、行政区域内の主要施設を繋ぐ交通手段が整ってきました。したがって、公園周辺の最寄り駅やターミナルから公園までのアクセスに関する情報の提供は、利用頻度の向上に繋がります。

　園内での情報提供は案内板や標識、パンフレット等の「もの」による情報、多言語の音声ガイドなど「機器」による情報、その他に、ガイドシステムなど「人」による情報提供があります。さらにスマートフォンが普及した現在では、多様なアプリケーションが開発されています。

　情報の提供にあたっては、さまざまな情報弱者を含め、すべての人が容易に情報にアクセスでき、求める情報内容へ敏速に到達できることが必要です。そのためには、提供する情報がユーザーの求める内容にフィットすることが重要です。

1│4種の情報に整理する

　ここでは公園に必要な情報として、「事前情報」「現地情報」「予告情報」「緊急情報」の4つに整理して考えてみます。

① 自宅で欲しい事前情報と予告情報は精度と鮮度を

　利用者が公園へ行く、行かないを判断する情報です。

　事前情報は、目的の公園の施設と種類、設置場所、季節の風景やイベントなどにより何があるのか、いつ頃の何が楽しいのか？　などまずは公園の全体像と魅力を伝える必要があります。具体的には、アクセス情報やユニバーサル関連状況、公園で行われる提供サービスなどについて精度の

高い情報の提供です。

予告情報は、今よりも近い未来の情報であり、今が行き時なのか、もう少し先がいいかを判断する材料です。改修中の施設のオープン予定や「〇月〇日頃チューリップの花が咲きます」、「来週〇〇日にイベントがあります」など利用者に、その時に行きたいと思わせる鮮度のある情報の提供です。

② 現地情報と現地での予告情報は広さと深さを

到着した時から滞在時間内に何ができるか？ それがわかる公園全体の施設やイベントなどの詳細と目的に到達するルートが確認できるよう選択性のある広い情報です。園内の自然、施設や歴史的な場所などの基本案内についてはわかりやすく、位置、名称など、言語表示に配慮し、現在地を入れて園内の要所に配置します。

次に各場所に到達したら、景観、歴史の解説、施設の特徴などの関連する知識が得られ、興味を深めることのできる情報提供を行います。表示の方法は、必ずしも案内板形式でなく、音声案内や印刷物の方が、たくさんの情報を提供できる場合もあります。

このように情報は、公園の概要と現在地がわかる広い情報と、到達地点での深い情報に分けて提供すると情報自体が魅力となります。また、今日はどんなイベントをどこでやっている？ 現在地から一番近いトイレはどこ？ といった利用者が現在立っている位置から次の行動を促す情報を提供します。期間が限られる情報は印刷物の方が取り替えやすいです。

さらに当日は何もない場所であっても、次の季節の自然情報や、同じ施設であっても、今後は異なる視点の展示やイベントなどの別の催しがあるらしいと期待がもてるような情報提供は、また来たい！と思うもので、リピートを促すためにもその場での予告情報は必要です。

③ 緊急情報は精度と鮮度をスピーディに

災害などの有事の際に必要な緊急情報とは、正しい内容と園内外の状況、利用者の行動を迅速に誘導するための情報提供です。利用者が園内に留まり、今後の安全な行動を誘導する必要があると判断した場合は、刻々と変わる交通事情など、園外の正しい現在情報を伝える必要があります。つづいて、公園の避難者受入れや、反対に園内の被災施設の閉鎖などの予告情報も必要になります。このように緊急情報では、有事に関する現在情報、行動対応に関する現在情報と予告情報を、事情の変化に応じて逐一発信し、留園した利用者が安心できるような情報を発信することが必要と

なります。

　有事の際の情報提供は、情報伝達がしやすい拡声器や園内放送など音声によるものが主となります。この時、置いてけぼりをくらいやすいのが聴覚障害者です。聴覚障害者は一見では聴覚障害があるかどうかが分からないため、有事の際には止まったエレベーターやトイレ等の孤立した場所に聞こえていない人たちがいないかを第一に確認することが大事です。管理者は筆談ができる筆記用具を準備しておき、聴覚障害者の存在を確認した場合には、すぐに筆談によってコミュニケーションをとれることが必要です。

2 | 提供方法の工夫

　障害がある人、高齢者連れや小さな子ども連れは、その公園で何ができるかを調べるとともに、行くとしたらどんな準備をしていけばよいかを事前に調べて訪れます。

　行動を促すためには常設の事前情報として、公園までの主要アクセスと駐車場の有無、主要施設、園路・トイレのアクセシビリティ、売店などサービス施設の有無が必要です。こういった内容はWeb情報で提供するだけでなく、同様の内容を電話や窓口でも対応できるようにしましょう。

　季節の魅力やイベント情報は鮮度が大事な現在の情報で、内容は時間経過で変化します。Webでは期間等を明示してその時期の魅力と魅力を位置づける施設や風物の情報を、詳細に、また特別に配慮されたユニバーサルデザイン対応状況などの情報も加えて提供します。リアルタイムでの施設の混雑具合、清掃の状況などを更新していく仕組みを作って、常に「今」の情報を提供していくことが大切です。

　利用者は、魅力を味わうことを目的に来園しますから、窓口では質問の目的を速やかに理解し、わかりやすく、正しい返答ができることが肝心です。誰かに何かを聞かれたら「わかることをシンプルに答える」という方法が最も効果的です。その時、聞かれた人自身に返事をすることが肝要です。見えないだろうとか、解らないだろうという潜入観念で同伴者に答えるのは、聞いた人を無視することになり、聞いた人はがっかりしますよ。気をつけましょう。

　また、Webでは現状に加えて、次の企画の概要を予告し、公園へのリピートを促すことも必要です。ブログ、ツイッター、フェイスブックなどSNSを活用し、多面的な情報の充実を図ることが望まれます。そのために

は、管理者のみならず、利用者が思わず情報発信したくなる公園の魅力は何かということになりますね。

3 | 案内表記の工夫

近年は音声読み上げソフトによる電子媒体の利用ができるようになりました。

電子媒体は、文字を大きくすることや、色を反転すること、音声読み上げなどが自由にできます。正しく理解できる情報が入手できれば、行動へと結びつきます。

したがって公園のWeb情報は、まずトップページに、音声読み上げに対応したデータ形式で、その公園の概要と次に知らせたい情報のリンク先を掲載すれば、視覚障害のある人へも事前情報をスムーズに提供できます。絵や図にはテキストデータで説明を付けたり、案内中のポイントを示す矢印などが出るようにすると、音声読み上げと連動してよりわかりやすいページをつくることができます。

一方、最近は公園のアプリも多く作られています。アプリとさらにその中のQRコードをダウンロードし、現地でQRコードをかざせば画像や音声などによる情報が得られます。ただし、現状ではOSのバージョンによってアクセスができない場合もあります。

また案内板や紙情報等すべての情報ツールの表記は、カラーユニバーサルデザインやユニバーサルフォントを活用しましょう。色弱者は晴眼者とは色の見え方が異なります。したがって配色のコントラスト、文字の縁取りもコントラスを明確にする方法です。ユニバーサルフォントは誰にとっても見やすい文字です。

これらの表記によるバリアフリーマップを整備しましょう(4～7頁参照)。

4 | 出入口案内の工夫

出入口には、案内板だけの公園が多くありますが、ユニバーサルデザインの観点では案内所があり、案内者がいることが何にも増してベストな整備です。高齢者や視覚障害者にとって、案内板で確認するより、人に聞くほど確かな情報はないからです。

案内板は、配置と情報量に配慮しましょう。植栽地の中にあると一見、きれいに見えますが、案内板は人によって見え方の距離が異なりますから、近づいて見える配置が重要です。また、現在地が目立つように赤字で

Web情報提供の例

記入してあることがほとんどですが、赤字は色弱の人にとっては目立つ色にはなりません。また、案内板の設置の方向を正確にしないと現在地のポイントはわかっても、方向の判断ができない場合があります。案内板は記載内容と同じ方向で設置することを考慮しましょう。しかも、情報量は多すぎると煩雑で必要情報が見つかりにくくなります。リーフレットなどの紙情報と併用するなどして、案内板に必要な情報量を工夫しましょう。

なお、車いすに配慮して、低い位置に前下りの角度をつける案内板が多いのですが、その場合の盤面の素材は、光に反射するものは読みにくいので、反射しない素材にしましょう。弱視の人の場合は、上下を追って見るよりも目の高さで横に追って見る方が見やすいといわれています。

誰にとっても不便のないよう、多言語のリーフレットなども含めて多様で選択肢のある案内方法が望まれます。

また、触知板の設置もみられますが、十分な管理がしてない限り屋外では埃だらけの場合が多く、手が汚れるので使われていません。

設置する場合は、盤面を清潔に保つことが必要です。そして、新たに作るのであれば音声案内の方が親切です。

5｜有事の説明の工夫

園内の事故や、災害時には、利用者への現状を通報することと安全誘導

カラーユニバーサルデザインによる表示／カラーユニバーサルデザインは多様な色覚をもつ人に配慮して、情報が正確に伝わるように配慮された色彩デザインのことである。色の見え方が異なる「色弱者」は日本全体で300万人以上と言われている。また、一般の人も老化や病気によって見え方は異なる。これらの人にもわかる情報提供のためにカラーユニバーサルデザインを使う。Webサイトやパンフレット、サイン表示などすべての視覚情報媒体は、「見やすい」色の組合わせのビジュアルデザインが必要である（4〜6頁参照）

のための情報が必要です。高齢者、妊婦、障害者や外国人などは言語、聞き取れる音量、体力差など理解力や、肉体的な条件の違いがあります。まず、見てわかる人は、周りの人に追従して行動できると想定できます。視覚障害者の人は、周りの人が瞬時に視覚障害と判断できますから、管理者でなくても周りが声かけして行動を支援することができます。したがって優先すべきは、聴覚障害の人です。周囲に人がいる場所では、他者に追従できますが、孤立が想定されるエレベーター内やトイレの個室内などの場合の対応が必要です。機器対応で見える情報が得られるものもありますが、停電になる場合も想定されますので、無停電装置の設置とともに、機器だけに頼ることなく園内スタッフの素早い確認行動とサポートが必要となります。

　機器の一つに非常用の電話が設置されている場合がありますが、いたずらされることを懸念して回線が切ってある場合が散見されます。その時に災害が起こり、個室に残された人が使えないのであれば意味がありません。接続を定期的にチェックして確認し、切ってあることが日常であれば取り外してしまい、人的対応など、現実的で利用者が困らない方法へ切り換えましょう。

　そして災害時の緊急情報や安全安心に繋がる情報は、とくに公的な管理者から正確な情報が伝えられることが問われますので、どのようなタイミングで情報提供するかを準備しておきましょう。さらに、利用者から

ガイドボランティア

管理者へ事故の連絡等を行うことができる双方向の情報伝達とあわせた対応策が必要です。

6 | ガイドの工夫

　公園内で利用者の活動に付き添い、移動のサポートとともに専門知識を活かして公園の魅力を解説する人的ガイドサービスはどのような情報機器にも勝る魅力の一つです。

　まずはコミュニケーションボードによって、指さし対話をしてみましょう。

　ガイドとして必要な内容は一般の解説に加えて、外国語の解説とサポート、子ども向けの解説、各種の障害に応じた行動支援サポートなどです。こういったサービスを充実させれば、公園のサービスとして魅力向上になります。多様なサポートができるよう内容のスパイラルアップとともに、緊急時の迅速な安全対応ができるよう、マニュアルの整備やボランティアスタッフへの教育訓練を継続的に行いましょう。

7 | グッドプラクティス

● 事前情報・予告情報の提供

① **Webサイトによる情報提供**
- 音声読み上げに対応したデータ形式の導入
- 駅やバス停等公共交通機関から公園へのアクセス方法及び駐車場の情報
- 公園の魅力とセットの園内のアクセス、サービス情報
  - 全園の基本施設情報、季節情報とユニバーサルアクセスルート(エレベーターやエスカレーターの配置、スロープの傾斜情報、園内バスや園内タクシー等の搬送サポートサービスなどの情報、車いす等の貸し出し情報。ガイドサービスの有無等)

4　7つの共通施設をグッドプラクティスに

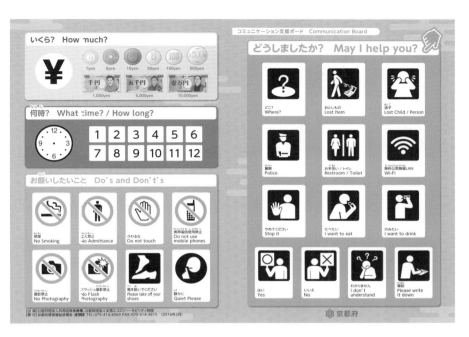

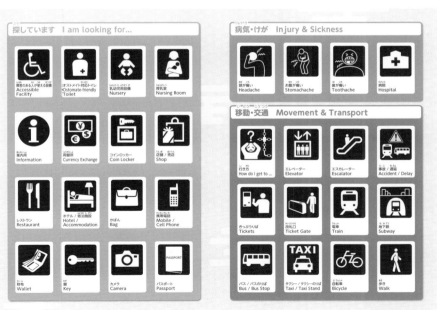

ガイドコミュニケーションボードの例（京都府）

- 少し先の季節情報や新規イベント等の予告情報
② **電話での問い合わせによる情報提供**
- 担当者は誰でもWeb内容と同等の内容が情報提供できること

● 現地情報、予告情報の提供

③ **案内板、Webサイト、パンフレットなどの情報の共通表記化（色・形・文字等）と情報ツール別の役割分担**
- カラーユニバーサルデザイン、ユニバーサルフォントによる整備。情報量の適正化
- 配置（位置と方向）、素材、設置高さへの留意

④ **案内所の設置と案内人によるサポートシステムの整備**
- 移動をサポートするためのガイドブック、マニュアルの整備とユニバーサルマナー検定等取得によるボランティアを含めたスタッフ教育の実施を行う
- 筆談用のメモボード（筆談器）の設置、コミュニケーションボードの用意
- 聞かれたことは聞いた人に答える
- 季節別魅力入りのUDマップの整備と配布
  - 通過可能ルート、魅力ポイント、階段、スロープの勾配、トイレ、休憩所等の記載

⑤ **季節情報の予告**
- 現在は何もないが、近い未来には別の空間となること

● 緊急時の情報伝達〈緊急情報〉

⑥ **緊急時のスタッフのための対応マニュアル、誰もが使えるガイドの製作と、訓練、シミュレーションの実施**
- 防災情報、危険情報等緊急時の切替えへの対応準備
- 視覚障害者、聴覚障害者のための、緊急情報の伝達手法の準備（エレベーターやトイレ等個室利用者の早期確認。停電等に備えた人的対応方法の準備）

⑦ **利用者の緊急連絡用窓口の設置**
⑧ **緊急連絡、事故への対応**
- 利用者の安全確保のための対応、障害者、外国人、高齢者、妊婦、子どもなどが事故や体調不良の場合のサポート教育・訓練、ネットワークシステムの確立

● 情報提供の手法・種類の例

⑨ **Wi-fiの設置と公園のオリジナルアプリケーションの開発**
- 利用者がデジタル機器、タブレットを使った場合の対応
  - 聴覚障害者、外国人対応、音声の自動テキスト化や自動音声翻訳などによるサポートアプリなど
- トイレ情報

- トイレ設備機能内容、位置。清掃等のメンテナンス情報、トイレ別混雑状況情報
・イベントや緊急時等における仮設トイレの設置案内の情報提供、車いす対応トイレの設置情報提供

⑩ **音声読み上げへの対応（視覚障害者への配慮）**
・「言葉の案内図」のデータ配布、音声ブラウザソフトを使って公園情報やアクセス情報が確認できるようにする
・写真やイラストなどの画像情報には、内容を説明する代替テキストを用意する

⑪ **テレビ電話やネットワークを使った遠隔対応サービス**
・インターネットを介したサテライトでの遠隔手話翻訳サービス、音声のテキスト翻訳変換サービス、外国語通訳サービスなど、ネットワークによりサポートを行う

⑫ **GPSやビーコン等による現在位置情報に対応したリアルタイムの情報提供サービス、園内歩行ナビゲーションの提供**
・利用者への的確な位置やリアルタイム情報によるサービス情報の提供（スマートフォンを介した情報提供）
- 現在位置から最も近いトイレへの誘導案内や、公園内の園路の案内、トイレの利用状況やレストランの混雑待ち時間、レンタル機器の貸し出し状況などのリアルタイム情報の提供

4.6 休憩所のグッドプラクティス

広い公園では、疲れたら気軽に休めるよう、要所に休憩所やベンチがあると喜ばれます。とくに休憩所は、トイレを併設した景観性の高い場所ならば、ゆっくりと時間をかけて休憩することができます。

1 | 位置の選択の工夫

休憩所の設置場所は、公園の魅力的な場所、たとえば眺めが良く、緑陰があって直射日光が遮られ、四季感の心地よさと公園特有の景観が満喫できる場所です。

休憩所

また、夏に涼感を感じることのできる池や流れなどの水辺で、水面のきらめきや水音などを感じられる場所、春や秋には花や紅葉に囲まれる、あるいは紅葉する巨木に近接するなど、四季折々の自然を満喫できる場所です。

2 | 設置施設の工夫

ベンチやあずまやなどとともに水飲みなどが代表的な施設です。トイレの設置も前述したとおりです。そして車いすと介助者が一緒に楽しめるよう、ゆとりある空間を確保しましょう。また、必ずしも穏やかな天候ばかりではありません。真夏や真冬の気候にも対応しておきましょう。

真夏は、緑陰や遮熱舗装は当初よりの配慮点です。ミスト装置によるクールスポットは熱中症対策になります。休憩専用施設は、広い屋外テラスを併設し、春、夏、秋は屋外テラスで外部空間を楽しみ、真冬は寒さを凌げて屋外が見えるよう、室内とテラスの境界が大きなガラス面で開閉できれば、オールシーズンで心地よく使うことができます。既存の施設に対しては仮設の付帯装置も考えましょう。日陰のためのよしずやパラソル、真冬は風除けのテントなど、施設のデザインに合せた対応をすれば、季節感が深まります。

さらに、休憩所の質を高めるための切り札には、リーズナブルで当地特産の飲食の提供空間です。場所の特徴を活かし、メニューに合せた室内外の空間づくり、テーブルセッティングなどを兼ね備え、しかも園内の各所で場所やメニューの選択ができると、居心地良く、長時間滞在できるスペースとなり、「次の時は異なる場所で」と、リピーターが期待できます。施設整備の折のカウンターの高さへの配慮や、ノンスリップトレイなど什器への配慮などは言うまでもありません。

3 | 管理サービスの工夫

休憩所については管理の徹底によって清潔と美観が維持されていることはサービスの基本です。が、たとえば、紅葉の時期には、落ち葉に至るまで清掃の時期をずらして落ち葉も体感すること。それを楽しむために、あえて屋外にテーブルを設置し、季節限定のホットドリンクや、寒ければひざかけの用意など、場所の自然感を楽しめるサービスがあると魅力は倍増です。場所を満喫する管理サービスの工夫を考えましょう。

4 | グッドプラクティス

① 設置場所と作り方への配慮
- 休憩所(あずまや)やベンチの設置場所は、四季の自然景観が体感できる場所を選ぶ。展望所／水辺／花／紅葉等
- 車いす利用者と介助者が一緒に休めるスペースの確保

② 設置施設
- 寒暖への配慮
  - 休憩所は緑陰や遮熱性舗装などの床材に配慮し、床面からの輻射熱を抑える
  - ミスト装置によるクールスポット
  - 既存施設はよしずやパラソル、風除けテントなど
- 施設のテラスと室内の境界はガラスで開閉ができる
- ご当地の飲食の提供
  - 広い公園では、景観ポイントごとに当該地の味や場所の雰囲気が選択できる各種の飲食サービス施設の設置
- 施設のユニバーサルデザイン
  - カウンターの高さや、什器への配慮

③ サービスの高質化
- 季節に対応した管理と清潔の維持
- 公園ならではの天候や時間の魅力に配慮したサービスの提供
  - 落ち葉を屋外で楽しむ
  - 季節限定のメニューと寒暖対応のサービスの工夫

4.7　照明のグッドプラクティス

　照明は、防犯や歩行の安全のために重要です。とりわけ規模の大きい公園では、夜の公園の魅力づくりの施設でもあります。ライトアップやイルミネーション、プロジェクションマッピングなどイベントや季節の演出などに活用すると公園の付加価値を高めることができます。照明計画にあたっては「安全性」「効率性」「経済性」という基本事項だけでなく、雰囲気作りや誘導手法として配置、光色、照度、間接照明などの技法と機器デザイン等の検討が必要です。また、災害時のライフラインが停止した場合でも、公園が一時避難場所として機能するために自家発電、蓄電設備やソーラーを利用した非常時の照明電源の確保ができる整備が望まれます。

1 | 安全のための誘導の工夫
　公園の照度は、1lx以上が基準となっていますが、最低のレベルでは少

し離れると人の顔が判別できません。反面、園内全体が同じに明るい状況は、経済性の面で課題となります。まず、移動円滑化ルートで多くの人が利用するルートと行動の起終点となる出入口は明るめに、その他は基準レベルにするなど、メリハリをつけて安全ルートを誘導する工夫をしましょう。

2｜ライトアップの工夫

公園内の美観は季節ごとに場所の雰囲気が異なるのが、公園の魅力です。花の季節、若葉の季節、紅葉と落ち葉の季節や、花壇や花畑の見頃などは、ライトアップすることで、昼間とはまた違った美観を演出することができます。季節ごとに主役となる場所のライトアップとともに、誘導のための園路は落ち着いた色の照明にするなど、主役となる場所とのメリハリのある演出を工夫しましょう。

> **公園の照度**
>
> 豆知識　JISの照度基準では、公園内の一般部の照度は1lx以上。照明学会・技術指針「歩行者のための屋外公共照明基準」では、敷地全体を見通せる明るさとして3lx、公園入口部では最低5lxを必要として確保する。歩行者の活動量が多い広場や駅などに接続する通過円路などの場所は活動量に応じて10lx、20lx以上の確保が好ましい。
> 日本防犯設備協会、警察庁「安全・安心まちづくり要項」の規定では、公園内3lx以上、公衆トイレ部では50lx以上とされている。

3｜ムードづくりの工夫

公園の空間には、林内のような自然地の雰囲気で美観形成をする場所と、花壇やカフェのように人の手による造型的な美観形成の場に二分されます。前者の照明があまりにも明るく人工的であると林内のムードがなくなりますから、自然色が美しく見える照明の色で、高い位置よりも、低い位置の照明の方が効果的です。また、花壇やカフェ周りなどは、照明機器もそれに相応しいデザインや色味の照明の工夫をしましょう。

4｜エンタテイメントの工夫

エンタテイメントは二つの視点をもって考えましょう。まずは、イルミネーションやプロジェクションマッピングのように、照明そのものを見せる演出です。これは全国津々浦々でいろいろな演出がされ、各地の国営公園でも実施されています。

もう1点は「闇」の演出です。明るさに馴れた現代人は、闇の中の星や月の明るさや輝きを見る機会が多くありません。しかし、場所によっては星や月が美しく見える場所や時間帯、季節があります。星や月にまつわる多くの物語と合せて「闇」もまたエンタテイメント性をもっていることを再考して魅力にする手立てを工夫してみましょう。

夜間照明の景

5 | グッドプラクティス

① **安全のための照明**
- 移動円滑化園路となるメインルートと出入口は、基準より明るい3lx以上の照度設定を保ち、通行時の安全を確保する。とくに、公園周辺に高齢者施設、視覚障害者施設がある場合などは照度と配置間隔に配慮。
  - 階段の段鼻、段差部は、蓄光材料やLEDなどで安全かつ経済性も検討。
  - メリハリのある照明計画。

② **照明による空間演出**
- 施設の魅力を向上させるデザイン照明や、季節ごとに新緑、花、水、建物等魅力的な場所へのライトアップなど。
- イルミネーション等による季節の演出

③ **夜間利用を意識した照明演出**
- 場所に見合った照明による夜間の空間演出
- 照明機器のデザインの配慮と空間演出

④ **照明を主体としたイベントの開催**
- イルミネーションや、プロジェクションマッピングによるイベントの開催
- 闇夜での月明かりや星の観察などをイベント化する。月見の宴／星見の宴等

遊び場のユニバーサルデザイン　　　　矢藤洋子

Column

　「遊び」は子どもの心と体の成長に不可欠なものです。子どもは豊かな遊び体験を通して自らのもつさまざまな力を引き出し、身体的・情緒的・認知的・社会的発達を遂げていきます。公園は、子どもたちに最も身近な遊び場としてその成長を支えてきた一方で、障害のある子どもや家族にとってはバリアがあり利用しにくい場所でもありました。「高齢者、障害者等の移動等の円滑化の促進に関する法律」の施行により都市公園でも出入口や園路、トイレなどのバリアフリー化が進み始めましたが、子どものための遊戯施設の改善は一部の取組みに留まっており、適切な評価とそれに基づく改善が積み上がっているとはいえない状態です。

　一方、アメリカやオーストラリア、ヨーロッパなどではインクルーシブな遊び場づくりが進化と広がりを見せています。これらの国も最初から高い成果をあげることができたわけではありません。単にスロープを付けたり障害児用の特殊な遊具を設けたりする対応では多様な子どもの公園利用は増えず、遊びの真のニーズに応えきれなかったため改良を重ねてきたのです。目指すのは「障害のある子どもを遊具にアクセスさせること」ではなく、「多様な子どもがそれぞれの力を発揮して共に生き生きと遊べる場づくり」です。車いすユーザーもみんなと一緒に乗り込めるようさりげなくデザインされた回転遊具や揺動遊具、発達障害をもつ子どもの特性にも配慮したレイアウトや環境、手話・点字・絵記号を取り入れたコミュニケーション支援パネルなど、その工夫は多岐にわたります。多様な動きへの挑戦、感覚的遊びや社会的遊び、自然遊び、冒険や発見の機会に満ちた魅力的なユニ

バーサルデザインの遊び場は、障害の有無を問わず多くの家族連れが訪れる人気の場所となっています。

この進化を支えたのが、公園を「つくる人」と「使う人」との対話です。自治体や設計事務所、遊具メーカーなどの人々と、障害のある子どもや家族、療法士、特別支援学校の教師をはじめ地域の多様な人々が、先行事例や最新情報に学びながら意見を出し合うことでより有意義な遊び場のあり方が追求されています。

またこうして多くの人が参加する遊び場づくりは、地域に貴重な副産物ももたらします。それまで関わりの少なかった住民同士が繋がり、相互理解を深めるきっかけとなっているのです。完成した遊び場は町の誇りとなり、地元のNPOが多様な親子向けにプレイイベントやワークショップを催すなど公園の活用も広がっています。

日本の障害のある子どもや家族、支援者らにこうした事例を紹介すると、驚きや羨望の声とともにこんな願いが多く聞かれます。

「障害がある子どももない子どもも、幼い時から当たり前のように一緒に遊べる公園が欲しい。そうすればきっと将来、多様な人が一緒にいることが当たり前の社会になるはず──」

ユニバーサルデザインの遊び場づくりは、インクルーシブな社会づくりの道に繋がっています。すべての子どもに豊かな遊びを提供するため、また多様性が尊重される地域社会を築くためにも、行政と企業、そして障害のある子どもや家族を含む多様な住民が協力し、より上質なユニバーサルデザインの遊び場づくりに向けて前進することが望まれます。

矢藤洋子（やとう・ようこ）……1969年、岡山県生まれ。特別支援学校での教職を経て、アメリカでインクルーシブな遊び場づくりに出会う。2006年に仲間と市民グループ「みーんなの公園プロジェクト」を立ち上げ、公園の遊び場におけるユニバーサルデザインについて国内外での調査、情報の収集・発信などの活動を行っている。『すべての子どもに遊びを──ユニバーサルデザインによる公園の遊び場づくりガイド』（萌文社）

5章

公園別グッドプラクティスのすすめ方

公園がユニバーサルデザインであるためには移動等円滑化が可能な空間であることと、公園の魅力を発信して多くの人に利用してもらう場所になることが大切です。さらには、空き地、未利用の緑地や放棄農地などが公園のように利用される場としてもっと多く創出することが望まれます。したがって、ここでは、従来の公園を俯瞰しながら、あわせて、これから公園のように利用したい場所についても考えてみることにします。

　ここでは、共通施設を用いて整備する市街地の小さな公園、市街地の大きな公園、自然地の公園、歴史的施設のある公園、スポーツのための公園の5つの代表的な公園について、公園の特性、特性を活かすための整備・改修のポイント、管理運営のポイントを整理し、整備・改修のグッドプラクティスを詳述します。

1　市街地の小さな公園

1.1　公園の特性

　小さな公園はかつて児童公園の名称で整備された公園と、住宅地の開発行為に伴う提供公園として整備された公園があります。後者は開発面積に対して確保すべき緑地面積、公園面積が指導されて整備された公園です。これにより、全国の公園の整備箇所数は著しく増加しました。しかし、当初、開発者は立地の良い場所を住宅地として売りたいために、量の確保だけに努め、立地条件の悪い場所や住宅地には向かない端部の三角地などを公園にする例が多々ありました。その後、公園が豊かな生活環境の指標になり、土地の価値が上がることが理解され、公園の設置場所が配慮されるようになりました。

　このような経過で整備されてきた公園は、生活に最も身近な公園で、規模はひと目で全体を見渡すことができる程度が多い状況です。

　以前は幼児が遊ぶ児童公園として必ず遊具が主体に整備されていましたが、その後、街区公園と名称も変わり、現在の利用の特徴は、朝夕の犬の散歩、保護者が学齢前の子どもを遊ばせる場、高齢者の散策、ウォーキングやラジオ体操などの軽運動、タクシー運転手の昼食と休憩、そして地域のお祭りなどのイベント活用などです。そのため、居住者や在勤者のニーズに応えて、遊具だけでなく、さまざまな施設が再整備される傾向があります。

今後、増加する高齢者や障害者の大半が、自宅で生活する状況を想定すると、健康の継続のためには日常の外出を促し、快適に過ごすことのできる最寄りの公園や緑地は足りないことはあっても多すぎることはありません。
　そして、近年にみられる豪雨や地震などの折に、密集市街地では小さくても集合スペースとしての機能を有する多くの屋外空間が必要です。

1.2　整備・改修のポイント
1│みんなで調査と協議から始めよう
　既設の公園を利用状況に応じて再整備するためには、計画を担当する人が、まず十分な利用実態調査や周辺調査を行いましょう。同時に課題をみつけるためには公園に隣接して居住する住民、自治会等近隣の高齢者や障害者を含む関係住民や主要施設関係者、近くの商店街関係者、との意見交換が必要です。とりわけ公園へ隣接する居住者から現状を聞くことは、公園の状況から直接感じる課題を浮き彫りにするために重要です。さまざまな問題は住民の理解とモラルによって解決できることが多々あると考えられるからです。行政は整備の目的と予算と与条件を、住民は課題を提示するとともに、計画に携わる人は、ユニバーサルデザインの意義を解説することに努めましょう。関係する人たちのあいだでボタンの掛け違えがないよう、最初が肝心であることを計画担当者は忘れないでください。
　協議がうまく進めば、次は、行政と協力して自治会や商店街等、計画や運営に参加と協力が期待できる人たちへ声かけをして協議会を設置します。計画内容とともに、整備後の管理方法や役割分担等の必要を投げかけ、協議しておくことが重要です。
　基本の施設でも取り上げましたが、たとえば古い小さな公園の和式トイレは一穴タイプの場合が多く、清掃しても悪臭が取れず代表的な苦情の一つです。再整備では、トイレを新設する場合もありますが、清掃費用等を考えると「トイレは整備しない」という選択もあります。その分の予算を他のニーズに用いるというような具体的で、現状のニーズに合致する前向きな協議が計画を円滑に進めるうえでも重要です。

5章　公園別グッドプラクティスのすすめ方

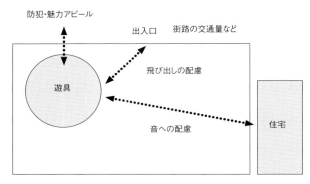

図5-1　課題対応の検討図

2│狭い敷地に必要なモノと配置

　小さな公園は、狭い敷地の有効利用です。現状で対立する要素としては、たとえば子どもの遊び場の設置希望に対し、周辺の居住者には、子どもたちの声などが騒音となる状況が想定され、それを回避する配慮が必要です。その場合は子どもたちの遊び場をなるべく住宅から遠い位置に想定します。また、イベント等に使う広場を広くという意見と遊具を優先というように、相反する意見もあるでしょう。

　行政の立場からは密集市街地に対し、一時避難場所を目的として整備する場合もあります。その場合は、どの程度の避難者数を想定しているかにより、オープンスペースの確保と避難のしやすさが第一義になります。いずれにしても、社会の課題を念頭に置き、欲張り過ぎずに必要なものを厳選することがスケールに相応しい場所となります。

3│整備目的と出入口を話し合おう

　これまで園外からのアクセスを高めるという点から、接道面には入口を設けることとしてきました。しかし、少子高齢社会となった現在は、必ずしも子どもの遊び場が最優先の整備目的でない場合があるように、居住者の年齢層や住宅事情によって住民のニーズもさまざまですから、ここでは、最近の典型的な整備例を通して出入口を考えてみましょう。

　例としては、
① 住宅密集地で避難場所を第一目的とする場合
② 地域再生を目指し地域のコミュニティ活動の場を第一目的とする場合

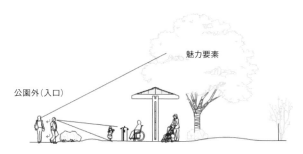

図5-2 出入口からの見通しと魅力の見せ方

③ 子どもの遊び場を第一目的とする場合
とします。

①と②は広さが必要であることと、加えて①は園外からの出入りがしやすいことが必要となります。このような場合は、出入口の位置を限定するのではなく、外周には50cm程度の低い低木で、所々に隙間を設け、どこからでも人が入れるようにします。この場合は飛び出しなどの危険も考えられるので、小さな子どもの遊び場には不向きです。遊具などは置かずに、むしろ、日常利用は快適な休憩所やイベント広場を想定した計画が相応しいと考えられます。そこでの遊びは親子で参加できるプログラムを季節ごとにイベント化し、その折に避難場所の使い方の実習なども実施しましょう。若年齢ファミリーのコミュニティ参加にも繋がります。この場合は、外周の低木の高さや出入りできる幅を維持管理することが重要です。そして今後、都市内の空き地や、放棄農地など、費用をかけずにオープンスペースを創出する方法でもあります。

③は遊具等の遊び場が安全に広く確保でき、子どもは動線を気にすることなく走り回れることが必要になります。園内の安全性のためには園内外の動線が交差しないことです。そのためにはむしろ出入口は少ない方が安全性は高いといえます。出入口は交通量が少ない接道面に1カ所として、その他の接道面は園内がみえるよう、50cm程度の低木や柵で囲います。ただし、住宅に挟まれたり、接道していない敷地の場合は、この限りではありません。

広場も遊具も休憩場所も、多くの用途を求められる場合は、出入口は目的の場所に最短で行けるようすべての接道面に整備するということになるでしょう。

小さな公園は園内の有効利用や費用対効果を検討する際、従来とお

りの考え方を少し変えて、小さな公園に相応しい設えをみんなで考えましょう。出入口の考え方もその一つです。話し合ってみてください。

入口沿いの外周道路からは、車いす利用者の目線からでも園内が見える高さの植栽や柵にすれば、防犯上も有効であり、子どもの動きも外から見えますので、飛び出しへの注意もできます。有事の時は跨いで入園できます。

4 | 遊び場とレストコーナー

子どもは、遊びを繰り返しの体感で学習し、チャレンジによって達成を得るものです。そして年齢とともに遊び方は進化するのが一般的です。

しかし、現在の子どもたちは、身体を十分に使った年齢相応の遊びが不足しているため、骨が弱い、筋力がないなど肉体的に脆弱である場合も多く、足、腕の力が不足していれば、自分の体をしっかりと支えることもできません。

したがって大人の想定した一般的な遊びであってもけがに繋がる場合が多くあります。一方、心身が強靱でどんどん学習する子どもは、達成した遊びに飽きて、物足りなくなります。これは障害をもつ子であっても同じで、チャレンジできる子は一般の子に優っても劣るとは限りません。遊び場のデザインに必要な要素は下に示すとおりですが、計画・設計者だけに任せるのではなく、居住する多くの人たちが協力して、整備する地域の子どもたちの年齢や遊び方などを十分に観察し、スリリングでチャレンジングな遊具を整備しましょう。また、3〜5年をめどに、遊具の点検と

表5-1　遊び場のデザインに必要な要素

アクセシビリティ	誰もが公平にアクセスでき、最大限に自立して遊びに参加できるよう、物理的環境を整える
選択肢	誰もが自分の好きな遊びを見つけ、さまざまな力を伸ばせるよう、多彩な遊び要素とチャレンジの機会を提供する
インクルージョン	誰もが対等に遊びに参加し関わることで相互理解が深まるよう、インクルーシブな環境をつくる
安心・安全	誰もが重大な危険にさらされることなくのびのびと遊べるよう、細やかな配慮と工夫を凝らす
楽しさ！	誰もがワクワクしながら自らの世界を大きく広げられるよう、遊びの価値の高い環境を目指す

(出典：市民グループみーんなの公園プロジェクト)

1　市街地の小さな公園

五感を刺激する遊具／小さな水遊び場

五感を刺激する遊具／音の出る遊具

五感を刺激する遊具／トークチューブ

五感を刺激する遊具／パラボラ音

五感を刺激する遊具／観察しやすいビオトープ

五感を刺激する遊具／触る遊具

車いすでも乗り入れ可能な遊具

背もたれのあるブランコ

色塗りなどのお色直しを子どもと一緒に行い、公園間での遊具交換をして飽きのこない遊び場にすることも検討してはどうでしょうか。小さい公園が住民の手で運営されれば、このようなことも可能になります。

遊び場の近くにはベンチ等のレストコーナーを設置しましょう。保護者の見守りのためだけでなく、元気な子どもたちの生命力は高齢者や障害者にとっても力をもらうことができます。そして、その目は見守りや、大人たちの異年齢間のコミュニケーションのきっかけづくりの場にもなります。

近所の人が見守れるレストコーナーは、心地よい木漏れ日程度の木陰があると長い時間快適に留まれます。

> **雑草広場**
>
> 豆知識　お祭や地域イベントには何もない広場が必要だが、年に何回イベントを行うか。その場合、広場は思い切って雑草の広場にする。雑草が伸びれば花摘みや虫取りなどの自然遊びが体験できる。必要に応じて雑草を全部刈り取れば、広場になる。杭を打っても大丈夫。管理次第で季節らしい遊び場にもなる雑草広場の可能性を考えてみよう。

5｜コミュニティハウス

公園を地域で管理運営することになれば、それを話し合う場所が必要です。また、雨天の場合は雨宿りの遊び場にもなります。誰もが使えるコミュニティハウスは、保護者にとって外で遊ぶ子どもの姿をみながら、公園の協議に参加しやすい場所となります。

トイレを作る代わりにコミュニティハウスを選択し、トイレは自宅で済ませるという優先性を検討してみましょう。

> **農地の活用――アグリパーク**
>
> 豆知識　今後、高齢者や障害者が元気で日々の外出を楽しくするためには、家の近くで気軽に立ち寄り、一息する場所がたくさんあることが望まれる。そこで、空き地や放棄農地、あるいは野菜畑や果樹園を季節活用などで街中の小さい広場にしてはどうだろうか。放棄農地は草刈りをしてベンチを置き、日差しの強い季節はテントを張って、水や収穫したての野菜を冷やして提供するなど。生産の旬には地域との共同で果樹園や畑が開く野菜ショップや野菜を使ったスイーツ＆カフェがあれば散歩が楽しくなる。ワゴンとテントはイベントの定番なので地域で調達すれば、あとはチャレンジする人や近隣の店舗や農家の協力パワーがあるか、ないかである。

ぶどう園のカフェ

バーテント、食べ物テント

1.3 管理運営のポイント

1｜管理を遊びと社会貢献に変えよう

　全国的に自治会の運営年齢が高齢化しているので、公園の運営は自治会に任せるのではなく、居住する多様な年齢の住民を多く巻き込んだ参加活動による管理が望まれます。

　そこで協議会ができれば、住民個人には得意分野のエントリーをしてもらいましょう。園芸、手芸、農作業、土木、大工、スポーツ、ヨガ、ダンスなど。同じ趣味の仲良しグループなどがグループでエントリーするのもいいでしょう。また、各種の障害者施設も施設チームでエントリーしてもらいましょう。草抜きや花植え、水やりなど園芸作業に楽しんで参加する例は各所にあります。このように居住するさまざまな人が主人公になり、生活を楽しむ場、楽しませる場として公園を活用してほしいものです。生活の楽しみと役割をもち、その活動が生きがいとなって活躍することは、孤独を払拭するだけでなく、社会との繋がりをもつということであり、その点からも公園は生活に必要な場所になると考えます。

　そして災害などの有事の時に日常での顔見知りがいつもの呼吸で助け合えることが、生活に根ざした現実的な危機回避の手立てとなるのです。行政は活動の見守りと少し応援するという距離感が望ましいスタンスだと思います。

2｜季節のピークを楽しもう

　公園の苦情に落ち葉があります。わざわざ美しい紅葉を遠くに見に行っても、隣接する公園の落ち葉が自宅に吹き溜まれば、自宅の木ではないのに掃除をしなくてはならないという苦情になります。

　でも、年に一度、色づいた落ち葉のすべてが大地を被う風景は、圧巻で

落ち葉と紅葉を楽しみに公園を訪れた車いす利用者連れの家族

す。が、決まりや、周辺への配慮で落ちるたびに清掃してしまうと、圧巻の景色は望めません。落ち葉を山盛りにして寝っころがるもよし、埋まって遊ぶもよし、カソコソ踏みしめるもよしです。この季節は、清掃の回数を減らすことをルールとして、同時に、季節のピークを十分に楽しむ方法を近隣へアピールし、理解を得る努力もしましょう。

3｜遊びの大将を育てよう

　小さな公園では、親が付き添いで遊ぶと、汚れる遊びや危ない遊びは避ける方向になりがちです。また、親の知る範囲の遊びとなり、その場合は子どもの遊びに広がりやチャレンジがなくなります。

　協議会が整備後に管理運営を引き受ける組織になれば、得意分野をエントリーした大人のなかから、曜日別担当の遊びのリーダーを選び、子もたちに遊びを教えましょう。遊具を安全に使う方法や、虫取り、花飾り、草相撲、草笛など、遊具以外の自然の要素でも遊べることを子どもと一緒に行います。そして、管理運営費用の一部や、お祭の出店、フリーマーケットの開催等を企画して売上の一部を運営費としてストックし、その費用から遊びの大将の缶バッチを作成して上手にできた子どもたちには缶バッチを贈呈します。

　子どもの外遊びの意欲を育成し、体躯を育むことも地域の役割として、イベントのみならず、「昔とった杵柄」をおおいに活用し、大人も子どもと一緒に遊んで体力をつけ、楽しむ工夫をしたいものです。

　成長した子どもたちがそんな遊びを小さい子どもたちの輪のなかで自慢そうに教える風景になるとうれしいですね。

1.4　グッドプラクティス

整備準備	・住民参加の協議会の設置
出入口	・園内への視野を確保した1カ所を設置する ・四季のシンボルとなる巨木や花木を活かす
園路・広場	・草刈り管理を前提で雑草広場とする
遊び場	・子どもたちを観察し、体力に応じたものをみんなで考える。死角を作らない。柔らかい舗装で安全に配慮 　- 出入り口や隣接の住宅と離れた場所に、五感を刺激する（カラフル、さまざまな素材を活用、風に揺れる、影の形がおもしろい、音が聞こえるなど）遊具を設置する 　- 日陰のある休憩スペース（ベンチなど）を設ける

休憩所	・古いトイレは撤去する ・使いやすい水飲みを設置し、清潔を維持する
管理運営	・協議会が、整備の優先順位、導入施設と配置の話し合い、管理、運営を行う ・特技をもつ人材のエントリー、利用ルールづくり、地域のイベント、防災訓練等を計画、情報発信し、運用する ・自然の有り様を活かした清掃管理をする ・管理と監視を同時に行い安全を図る 　- 遊びの大将を育てる、各種の遊びを活発化する

2　市街地の大きな公園

2.1　公園の特性

　市街地の大きな公園は、都市の中の緑の拠点であり、良質で洗練された環境のシンボルです。またレクリエーションの拠点として各種のイベントが通年、計画的に実施されます。場所によってはサイクリングロードが整備され、軽車両である自転車の入園ができる公園もあります。さらには、災害等の有事の時には貴重な広い場所が広域避難地となります。

　利用者は、遠方から恒例のイベントを目的に訪れる人、また公園周辺に立地する企業の就業者が、昼休みに憩い、あるいは緑の中をランニングで気分転換する人も増えました。そしてアフターファイブはデートの待合

生活に密着する巨大な公園的空間

豆知識 現在、行政による大きな公園の新整備は少なくなったが、民間では、オフィスビル、住宅ビル、アミューズメント、商業施設等の複合開発に伴い、比較的大きい緑地を整備し、土地の価値を向上させている。これらは居住する人にも訪問者にも公開され、そこに居住するファミリーの屋外での生活を想定して、ビオトープや農地など子育てに供する緑を考えた整備をしている。このように、居住は「家」の広さの獲得から、「暮らしの環境」の選択への移行がみられ、災害等を念頭に置くと、広い緑地が生活のそばにあることは、安心に繋がるということで、こういった住宅がますます選ばれることも考えられる。

ショップとシネマコンプレックス

高層住宅のビオトープ、畑

わせや季節ごとにムードを演出する散策コースにも使います。海外からの観光客は、街歩きに疲れた時の休憩の場や、ホテルの近くに公園があれば、朝食前の散歩や休息の場にもなります。公園の特徴によっては夜間利用が多い場合もあります。

　園路は森や林、小高い丘を縫い、年齢に合わせた大型の遊具設置のゾーンや広い芝生広場、季節を彩る花々の花壇や、ドッグラン、博物館や美術館、ホール等の文化施設や環境学習の施設、またカフェやレストランなど公園ごとに特徴ある施設があります。このように広い公園には、自然環境と文化的な施設環境が充実しています。したがって、多くの利用者の利便に供するよう、出入口やトイレなどは多く設置してあります。さらに被災時への対応を具備した公園もあります。

2.2　整備・改修のポイント

1｜見えない埋設設備、見える建造物にも注意して計画を立てる

　公園の再整備では、ユニバーサルデザインが義務づけられていますが、大きな公園は、これまでに部分の改修を繰り返してきた可能性があります。その改修経過の情報が必ず入手できるとは限りません。外部空間のみならず、建造物の老朽化や耐震性への未修復、そしてそこには必ず埋設の設備が伴い、近接の植物が巨大化していれば、その根が埋設管などの破損や園路の不陸の原因になっている場合があります。したがってどの範囲をどのように改修するか、老朽化レベルによっては建物の移設、解体、復元ということにもなりかねません。園路を基準に沿って改修すればバリアフリーに対応できると考える前に、当初の整備から積み上げた現存の施設や自然の価値を十分知ることと、老朽化への対応を並行して考えることから始めましょう。

2｜歩車分離を徹底したサイクリングロード

　かつては自転車に乗って公園を走ることは何の違和感もなく行われていました。しかし、近年、自転車による事故は全国で約10万件におよぶ状況であり、2015年には自転車の危険運転に対する改正道路交通法が施行され、公園の園路での走行はできません。

　サイクリングロードのある公園では、入口から歩車分離を徹底するとともに、歩行者と自転車の動線が同じ高さで交差しないように改修することや、サイクリングルートと園路が併設されている場所では舗装の色

を変えて歩行者が入らない工夫をするなど、園内ではわかりやすい物理的な処置による安全の確保を十分に行う必要があります。また、利用者には公園での自転車の乗り方を通じて、自転車が軽車両であり、車道を走ることが前提であること、人の歩行が優先される公園においては、サイクリングロード以外の園路での走行はできないことを啓発していくことが必要です。

3│ストックとしての植栽景観の見直し

長い時間をかけて成長した植栽群は景観的価値や生態的価値をもちます。しかし、ただ保存をするということではなく、新たな整備目的を考え、空間のコントラスト、主要施設の背景、レクリエーション活用との関係などを踏まえ、現存植栽がどのように活用できるかを考える必要があります。樹木密度が濃ければ間伐する必要も出てきます。まず、巨木は単木での樹姿が美しく見えるようにするために、自然に生えてしまった樹下の幼木類は取り除くこと。また、低木の密度、高さを見通しよく調整すること。これだけ手を入れるだけで、随分すっきりとした植栽風景に変わりますし、日差しを得られ、不要な植物の抜根によって土壌は主要木が根を広げる環境を向上させることができます。

この手入れによって森や林を外周から見るだけでなく、林内を楽しむ新しい園路なども考えられます。

4│飲食サービスと景観性

現状の公園に最も不足しているのが、飲食等のサービス施設です。たとえば、上野公園に精養軒をはじめとする飲食サービス施設を誘致したのは、維持管理の費用を生み出すためだったそうです。以降、博物館、美術

パークカフェ（上野公園）

飲食施設（二子玉川公園）

館、ホールといった文化施設に、広い公園の良好な環境に加え、高級な西洋料理店や和食店のある公園は、お見合いやパーティーなど、生活のなかでも非日常のエンタテイメントが行われていた場所でした。現在は、誰もが日常として文化的な施設を訪れ、飲食を楽しみます。したがって、日常に相応しいカジュアルでおしゃれ、しかも誰もがアクセスしやすいサービス施設が利用者数に応じて多く必要になります。

ガーデンカフェは園路から誰もがアクセスしやすく、明るさ、周囲の美しい景色が人気です。多種から選べると、より利用が向上します。

2.3 管理運営のポイント

大きな公園は、指定管理者制度（192頁参照）により維持管理はもとより、運営、経営を主体に力を入れるようになり、利用者は単に訪れて見るだけの行為でなく、公園の特徴を活用したプログラムに参加して、多種多様な行為を体感して楽しむ場になってきました。

1｜安全第一

管理運営の第一は、利用者の安全であり、広さをカバーできるだけの危機管理への注力です。日常は事故や犯罪への備え、自然災害等の緊急時への備えが必要です。病院、警察、消防、行政とのネットワークは言うまでもありませんが、常勤スタッフはシフトがあるので、同じ質の危機管理を実現するためのマニュアル整備と訓練、習得を怠りなく実施し、有事の時に迷うことなく誰もが同様に体が動くことが必要です。

危機管理は日々の業務よりは後回しになりがちですが、参加プログラムに防災訓練を盛り込むことや、日常で行う各種のスリリングなプログラムの実施の折には、参加する高齢者や障害者への安全指導を丁寧に行

地震体験車

防災イベントの説明

表5-2 危機管理対策事項の例

管理作業上の安全対策	・剪定枝等の落下→立ち入り防止柵の設置 ・草刈り器械等による石等の飛散→同上 ・車両の運転や器械の操作ミスによる事故→車両誘導、保険加入 ・作業機械や薬剤等の危険有害物との接触→立ち入り防止柵及び作業時間調整 ・作業エリアへの立ち入りによる転倒、転落→立ち入り防止柵 保険加入
利用者、保護者、主催者による事故防止対策	① 事故・混乱の防止対策 ・アクセス、輸送方法(臨時バス、駐車場の確保等) ・周辺交通の整理(警察への依頼) ・利用者の誘導(動線計画、整理誘導体制) ・連絡体制(無線、携帯電話等の活用) ・救護所の設置(医師、看護師の手配) ② 環境衛生対策 ・飲料水の確保、水質管理 ・仮設トイレの設置及び適正配置 ・日陰、休憩スペース等の配置(日射病、熱中症等への対策)
防犯対策	① 管理による対策 ・高木の枝打ちや低木の剪定による見通しの維持 ・照明灯の明るさの確保、必要な改良 ・トイレ周辺の見通しの維持 ・公園境界部分や施設の設置場所の変更等による見通しの維持 ・隣接する公共施設がある場合は一体性の確保 ・常駐職員の配置と巡回 ・住民参加による監視体制の強化 ② 利用に関する対策 ・高齢者や住民の利用促進による日常監視体制の促進 ・住民の利活用を増やすためのソフトプログラムの実施 ③ 近隣住民との親和を図る対策 ・管理運営への住民参加の促進 ・住民主導の巡視、巡回 ・公共的施設(保育園、自治会館)、近隣の店舗等とのコミュニケーション
自然災害等における利用者の安全対策	・緊急警戒体制の設置 ・園内放送等による情報提供(天候、交通情報及び注意喚起) ・利用者の避難場所の確保と誘導 ・危険個所の確認と立ち入り禁止措置 ・避難者入園状況の確認 ・プール等施設利用の停止あるいは閉鎖装置 ・舟等、水面流出の恐れのある施設の固定 ・テント、看板等の転倒、飛散の恐れのある施設の補強または撤去

(出典:『公園管理ガイドブック』公園財団より抜粋)

災害用トイレテントの組み立て訓練

トイレテントの完成

カマドベンチの活用体験

非常用給水

うなど、利用者へのリスク回避策を講じましょう。

　危機管理の基軸が利用者へのサービスと考えて日常から自然体のサービスができていれば、それが不測の自然災害時等にも効果を発揮できることに繋がります。日常の業務にサービスの訓練として危機管理を取り入れることは就業スタッフにとっても望ましいと考えます。

表5-3　災害時の時間の経過に応じた管理業務

段階区分	直後段階	緊急段階	応急段階	復旧・復興段階
時間スケール	発災〜3時間	3時間〜3日	3日〜3週間	概ね3週間以降
防災目標	生命確保	生命維持	生活確保	生活再建
管理内容	・人命救助（園内） ・避難誘導 ・防災器具庫の使用 ・防水銃、防火水槽の使用準備 ・被災状況の調査 ・適切な情報提供	・被災状況の調査 ・適切な情報提供 ・非常用便所、備蓄倉庫等の使用開始 ・利用誘導 ・飲料水、救助物資等の確保 ・水道、便所等の応急生活に必要な施設の修復	・被災状況の調査 ・適切な情報提供 ・医療、給水、風呂、廃材処理、仮設住宅申込所などの救援活動及び支援 ・ボランティアなどの活動支援	・仮設住宅の建設、入居支援 ・公園内の被害の復旧

（出典：都市緑化技術開発機構『防災公園技術ハンドブック』環境コミュニケーションズより）

2 | 点検と清掃

次は点検と清掃です。これも利用者への安全のためのサービスと考えればわかりやすいと思います。各種の施設や園路の破損、倒木や枯れ枝の落下は通行の妨げや事故に繋がります。そしてトイレや手が触れる施設の手すりなどを清潔に保つことは、あらゆる利用者の尊厳への配慮でもあります。利用の多い、少ないに応じたこまめな点検と清掃回数を適宜増やすなどの柔軟な管理対応が必要です。

3 | 参加プログラム・イベントの提供と準備

各種のプログラムやイベントの開催は、園外からのアクセスが利便良く、園内でもわかりやすいエリアで開催したいものです。一日が快適に過ごせるよう飲食や、不意の雨天などへの対応も整え、季節によっては気温の寒暖が回避できる場所を用意するなどの配慮が必要です。寒い時のテントや屋外ヒーター、暑い時のチェアやパラソルの準備や貸出しは利用者の誰にも便利なサービスの一つです。

また、あわせて車いす利用者対応の仮設トイレも検討しましょう。そしてそのようなユニバーサル対応のサービス関連の準備ができれば、催し

冬用テントの休憩所

屋外ヒーター

2017年に開催された「まんパク」(国営昭和記念公園)

ビアガーデン(新宿中央公園)

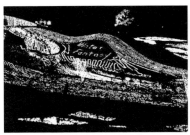
イルミネーション（国営讃岐まんのう公園）

イルミネーション（昭和記念公園）

の内容とともに事前情報を提供しましょう。

　プログラムの内容は、公園の規模や立地によって特徴を活かした内容にしたいものです。フラワーイベントやキャンプフェスタ等は野外が存分に楽しめ、公園にフィットする催しです。また、映画やプロジェクションマッピング、イルミネーションなど照明や映像関係は夜間の公園を楽しむことができます。そして地域だから体験できる特産物の店舗や特産物をアピールする飲食関連のイベントも人気があります。

　これらのイベントは、公的な場所で実施することの意味を考え、主催者は、明確なコンセプトをもって実施することや、恒例となっても一部には何らかのスパイラルアップされたものであることが長続きに繋がると考えられます。

4｜自主評価の仕組みづくり

　公共事業として行う参加プログラムやイベントは、利用者の満足度はもとより、開催の意味を明確に示すコンセプトをもって行う必要があることは前述しました。そのコンセプトの意義が広く認められるものであれば継続することになります。そのためにはコンセプトは活かしながら、年度ごとの客観的な評価基準、方法を具備する必要があります。新聞やテレビなど各種の情報媒体で取り上げられることも評価の一つではありますが、必ずしも実施主体の意図が汲まれた評価であるとは限りません。そこで、実施主体が目的の達成度や利用者数などのアウトプットと利用者のプログラム別満足度調査等のアウトカムが明確に捉えられる自主評価の方法を工夫し、それらのデータの積み上げにより経過把握ができるようにしましょう。基礎データがあればそれをもとにより良い企画提案ができ、継続の説得がしやすくなります。

2.4 グッドプラクティス

整備の準備	既存の基礎調査、施設保全とともに埋設物等改修の明確化(全ての外部空間に関連する)
出入口	・サイクリングロードの進入路は歩車分離とする
園路・広場	・園路ごとに異なる魅力ポイントをつくり、ルート独自の移動手段やサポートが選択できる ・広い芝生広場、草原の設置 ・サイクリングロードは人の動線とクロスしない。ロード面は色分けなど判別できる工夫をする
植栽	・公園の場所ごとに特徴的な四季の植栽景観がある。四季咲きの花壇の設置 　＊五感で感じることができる工夫
休憩施設	・地域性のある飲食サービス施設の充実 ・車いす、ベビーカーが使える野外卓 ・魅力ポイントを複数箇所で整備し、季節や雰囲気の違いで選択ができる整備
管理運営	・危機管理マニュアルを日常から身につけ、安全第一を徹底する ・利用者の安全、清潔等を第一に考えた点検、清掃を徹底する ・公園や地域の特性に応じたイベントを企画開催する。あわせて寒暖へ対応したサービスを行う ・芝生広場用の車いす、パラソル、カウチなどの貸し出しシステムを整備 ・指定管理者の創意工夫を評価 ・PDCA(Plan-Do-Check-Act)によりスパイラルアップする仕組みの整備

3 自然地の公園

3.1 公園の特性

　丘陵地や河川、海岸などの自然環境を活かした公園では、環境の保全を優先し、人の手による整備や環境の改変は必要最小限に留めます。植生、小動物、野鳥等による四季の景観とそこに朝から夕暮れまでの時の変化の重なりを活かしたレクリエーションを楽しむ公園です。

　例年の季節の特徴とその魅力を知っていて、自然の一瞬を、あるいは終日に至る変化を求めて遠方からでも来園するリピーターがいます。周辺の居住者も価値観は同様であり、日常の身近な場所とはいえ豊かな自然を体感できることが贅沢な習慣と思う人も多いでしょう。したがって「誰もが」というより「知る人ぞ知る」場所ともいえます。

　自然の保全が優先されるため、整備はユニバーサルデザインとは相反

カヌー体験

森歩き

する状況も多くあります。ユニバーサルデザイン対応の範囲、季節の魅力となる場所や時間を明確にすることや、利用者が求める自然観を提供できるよう、運営の内容を丁寧に深めて展開することが求められます。五感で感じ取る要素は満載ですから、それぞれの人が体力に応じて、また特化した魅力に興味のある人にとっては生活を潤す、取って置きの場所になるでしょう。

河川ではカヌーやラフティング等の乗り物系のプログラム、海浜では乗り物系やダイビング、釣り、気球などのプログラムは、地上から見える状況とは異なる風物に巡り合えるうえ、障害者にとっては地上で感じる肉体的な感覚から解放されるような水中や船上で感じる浮遊感、スピード感などがやみつきになることも多いようです。

3.2 整備・改修のポイント

1 │ アクセス可能域の情報提供

自然地の公園のなかでも、林野でアップダウンの多い場所は、初めて訪れる高齢者や障害者にとって移動のバリアがある場所であることは否めません。したがって、体力、移動力の格差に対する十分な情報提供と、生理

車いす可能を示すサイン

足腰の強い人向けのコースを示すサイン

木道の階段は車いすの通行不可

現象への対応場所については、事前情報と現地情報を十分に提供することが必要です。

とくに車いす利用者に対しては、全園の移動可能範囲(勾配、階段数、距離等)と休憩所、利用可能なトイレの位置を明示しましょう。

2｜アクセスへの配慮

比較的平坦な場所に、入口、駐車場、勾配のない園路や広場と付帯施設を設け、スムーズなアクセスができる場所をまとめて確保する配慮が必要です。緩やかな地形で、車いすでも行けるルートについては、気候の良い時期を最大に楽しめる空間計画を行いましょう。そして、管理者がユニバーサル対応のルートやエリアに十分配慮ができない期間があれば、閉鎖、閉園等の予告情報を早めに発信し、来園してがっかりさせることのないように配慮しましょう。

また、展望地が最も魅力の場所であり、一般道を活用した園外から別のアクセスが可能な場所であれば、そのための出入口と駐車場を設置しましょう。

高所からの展望が魅力の場所

ユニバーサル対応の日の案内

3 | エコトイレ

　下水道が通ってない場所では通常の水洗トイレが設置できないことも想定されます。
　その場合は、バイオトイレを検討しましょう。水を使わず、好気性微生物の活動によって排泄物を分解するトイレで匂いもありません。

4 | 五感を深める多様な資料の整備とネイチャーハウスの設置

　せっかく自然地の公園まで来たけれど、障害のある人にとっては不安が先立ち、あちこち見てまわるような行動へのチャレンジの決心がつかない場合も想定できます。その場合には、容易にアクセスできる場所に興味を深められる資料提供の場や代替の施設で擬似体験ができれば、チャレンジの気持ちが想起できるかもしれません。
　ネイチャーハウスには、当地を解説するための点字資料、映像と字幕、音声による資料などがあると室内でも興味深い体感ができます。

ガラス張りの部屋で森の観察ができる

点字の野鳥解説資料

海辺、森の中で無数の風鈴が風に揺れている映像

薄暗い室内には画像のゆれに合せて風鈴の音が流れる静かなアート作品の例。空調機で微風があるとより体感性を高められる

5｜休憩所の整備とネーミング

　見晴らしの良い場所や水辺など自然を満喫できる場所に、あずまやなどの休憩所を整備しましょう。ランドマークになり、急な天候の変化には避難所にもなります。

　複数箇所を整備する場合は、施設に名前を付けておけば、利用者から避難の連絡が入った場合にも場所の特定が容易にできます。野鳥や草花の名前などヒントにしてはいかがでしょう。

6｜飲食施設の有無

　飲食に関しては、無ければ前もっての用意が必要ですから、サービス施設の有無と、有る場合はその商品概要等を公園のWebでわかるようにしておきましょう。

3.3　管理運営のポイント

1｜入場の確認と連絡方法、巡回

　自然地の公園の管理は、環境の保全と利用者の安全のための管理です。立地が都会であっても天候の変化によっては危険にさらされる場所に様変わりをしますから、日常の巡回の折に園路や案内板の破損や、雑草によって園路の幅が狭まっている箇所などに注視して改善・修復します。

　開園中の天候の急変も想定されますので、主要な出入口では、管理者が挨拶をしながら入園者の状態や高齢者の単独入園などには注視しておくことも危機管理の準備の一つです。見どころチラシに管理事務所の電話番号を入れて、渡す時に連絡先を伝えるようにしましょう。

2｜点検と改善

　悪天候の後は、園路の崩落の危険箇所や枯損木の倒れや枯れ枝の落下の危険性、濡れ落ち葉や苔で滑りやすい場所などを速やかに確認し、進入禁止を明示して、修繕の対応をしましょう。

　また、自然地といえども公園のトイレは清潔が必要です。蜘蛛の巣や虫の死骸、落ち葉の吹き溜まりや、便器の汚れなどは清掃の不足が如実にわかります。清潔なトイレに野の花などが飾ってあれば管理者のおもてなし度がアップします。

手話通訳付き自然教室

車いす利用者もチャレンジするツリークライミング

車いすでバルーンへ。バルーン体験(所沢航空記念公園)(写真提供：特定非営利活動法人熱気球運営機構(AirB))

3│参加プログラムを多様に

　環境を活用したレクリエーションプログラムの情報発信は言うまでもありませんが、五感で楽しむプログラムの楽しみ方や、車いすでもOKなど、ユニバーサル対応のプログラムについては体感の楽しさをより詳細に明示してください。初めての人は、チャレンジ精神をくすぐられます。

4│水辺のプログラムは訓練されたインストラクターを整備

　水辺の活動プログラムは、誰もが日常を超える体験となります。初心者、経験者でプログラムの内容は異なり、段階的なチャレンジによって自身のレベルアップができることが魅力ですが、危険も伴います。安全で点検が行き届いた乗り物と、ライフジャケットの準備はもとより、あわせて利用者の肉体的な健康状態がチェックできるシステムを整備します。また、十分にライディング指導の訓練を受け、かつ天候の変化による実施か中止かの明確な判断ができるインストラクターの設置や、事故等への対応手順を整備して、利用者が安心してリピートを望めるプログラムにしましょう。

　また、常時、インストラクターやガイドを設置できない場所では、ユニ

車いす利用者も参加できるカヌー教室

バーサルデーを設け、その日はインストラクターとともに、すでにレベルアップした体験者や障害者にも支援を依頼し、利用者、指導者双方のレベルアップとなるような工夫があればプログラムのスパイラルアップにもなります。

3.4 グッドプラクティス

情報提供	・アクセスの可能な範囲を明確にする。季節によって閉鎖があればその情報化 ・ユニバーサルデザインイベントの情報提供 ・飲食施設の有無情報の提供
出入口	・高齢者や車いす利用者にわかりやすい難易度別のルートの設定 ・平場を広く確保し、施設をまとめる ・ネイチャーハウスの整備
トイレ	・エコトイレ等環境にフィットとした清潔なトイレを男女別に設置
休憩所	・場所の特定ができるよう休憩所に名前を付ける ・周辺に四季の変化を五感で感じる設えとする ・眺望点に設ける
照明	・出入口、休憩所に暗くても場所を特定できる照明を設置
管理運営	・入園者の状況ウォッチと連絡方法の案内 ・場所に応じた自然活用イベントの企画、開催 ・イベントインストラクターの具備 ・安全機器、装具の具備 ・イベント開催に関する危機管理の徹底 ・雨天等悪天候の巡回と利用者誘導 ・悪天候後の点検と清掃、修繕

4　歴史的施設がある公園

4.1　公園の特性

　歴史的な施設のうち「史跡」とは、貝塚、古墳、都城跡、城跡、旧宅、その他、人類の痕跡を残すもの、場所等の遺跡のなかで、歴史上または学術上価値が高いと認められ保護が必要なものについて、国及び地方公共団体が指定を行ったものです。

　歴史公園とはこのような史跡や庭園を保全・復元・再現し、周辺を含めて公園にした場所、あるいは公園にしたい場所です。

　庭園は、現代では園内の花の見頃が一般的に人気ですが、築庭当時は祭祀、儀式、饗宴、逍遙、接遇、鑑賞などの目的の場として作られました。

　国指定の「名勝」である庭園は、186カ所ですが、現在、個人所有の価値ある庭園は約1,000カ所あるといわれています。

　そして庭園は建築に付随、あるいは建築を包含することが一般的です。その建築とは城、寺社仏閣、邸宅などであり、建築物が保全あるいは復元された場合もありますが、建築物がない場合もあります。逆に建築物だけが復元、再現され庭園に復元されず、周辺はいわゆる公園的な整備である場合もあります。

　代表的な建築物として、城は一国一城令や廃城令の歴史の経過によって、現在は59城があり、古いままで現存するのは12城で、他は復元したものです。寺は約8万6,000寺でそのうち文化財となっているのは494寺であり、神社は約8万8,000社で文化財となっているのは414社といわれています。古墳については16万1,560基といわれていますが、森になって古墳かが定かでない場所もありますので、実数は不明ということになります。

　復元された古墳が見学でき、発掘品の展示施設がある場所もありますが、陵墓のように厳重に保全されている場所は堀や柵で立ち入りは禁じられ、鬱蒼とした樹林地となって、航空写真でしかその姿は確認できません。

　このように歴史的建造物は一部の保全と大半が復元または再現であり、簡単に立ち入りができる場所は歴史的なテーマパークという見方もできます。利用者は史実への興味により、歴史的な施設や空間を体感することを目的に訪れますので、その目的を果せるよう、できる限り良好なアクセス手段を具備したいものです。

古墳等は、以前の「遺構の保護」から「遺構の展示」へと見せる手法が変わってきましたので、立ち入れる範囲が広がり、管理のみならず、運営の工夫も必要です。

　庭園は、他の史跡と異なり、植物を主体としているので、生物特有の生長と枯死が伴うこと、また四季の変化が庭園としての特徴となることが、保全、維持するうえで重要な点となります。

　庭園の構成要素は主として土（築山に代表される起伏、敷き砂）、石（石組み、石積み、灯籠や石橋等の造形物）、水（滝、遣り水、流れ、池）と植物（植え方、生け垣、竹垣、剪定技法）の自然素材を用いて作庭されます。海外からの来園者は庭園の構成はもとより、成り立ち、思想的な背景等の特徴、造形の美しさなどの設えに関心をもって鑑賞に訪れる人が多いようです。

4.2　整備・改修のポイント

　保全空間への新たな整備としては、ユニバーサル対応としてアクセシビリティを高めることが追加されたり、鑑賞、休憩用のベンチやあずまやが設けられたりということになります。したがって、伝統的なディテールに対して、極力、違和感のない作り方に配慮する必要があります。

1｜文化的景観への配慮点——素材・設置場所

　手すりやスロープは周辺になじむように材料は木材を用いることが多いのですが、材料のエイジング技術を活用しながら、主景を阻害しない場所への設置を配慮しましょう。

2｜移動しやすい園路の仕上げ

　園路は土舗装や砂利敷きの場合があります。雨で土が洗掘され、水溜ま

手すりは正面からは見えにくい位置に設置する（右奥が階段と手すり）

歴史公園の石階段と手すり

プロテクター付き砂利舗装（浜離宮恩賜庭園）

太鼓橋横に平坦な迂回路を設置した例（徳川園）

りになる場合があるので、改善する場合は、石の延段や、砂利敷きの園路にはプロテクターなどの新素材や仕上げの技法により、誰にも軽快な歩行ができるよう工夫をしましょう。

復元された施設の場合は、少々の高低差には柵とスロープを用いてユニバーサルデザインの意図を明確にする方法もあります。

3｜多様な園内移動手段の提供

広大な庭園の場合に、全園を十分に見るための乗り物（駕籠、輿、人力車）などが考えられます。その昔にも高齢者の権力者は存在したでしょうから、もてなしの方法を歴史に習うということであれば、乗り物が園内の風情になります。

4｜史跡、庭園解説ツール整備に伴う解説内容の充実

文化的な価値のある庭園には、たとえば、作庭した人物、継承した人物の時代背景など、時間の経過が歴史の物語としてあります。したがって、作庭から今日までの変遷に関する資料が深く、広がりのあるものであれ

プロジェクションマッピング

スマートホンのアプリを利用した公園ガイド

ば、利用者のこだわりがリピーターに繋がります。史跡についても同様です。そこで出入口か、または最も魅力的な休憩所とともに各種の多様な知見を得られる資料館の整備が望まれます。現在は多様な解説機器や映像手法が開発されています。解説する中味は、常に同じでなく、学芸員とともにテーマを深堀りし、多様な視点のテーマによって充実させることが最も重要な整備ポイントです。園内ガイドの設置があればより親切です。このような施設は、外国人から子どもまで理解しやすい仕組みです。

4.3 管理運営のポイント

　管理運営は、歴史に学び、もてなしの再現をすることが、現代においても質の高いサービスに繋がると考えられます。

1│原型に沿う安全のための手入れ

　維持管理は文化財指定であるか否かによってまったく異なります。文化財指定のものは、現状の維持を前提として管理が行われ、地震等でたとえば灯籠が倒壊したり、池底に穴が開いた場合などは、まず調査を行い、被害状況や倒壊等を採寸や写真等で記録した後に復元工事という手順になります。

　しかし、長年の天候と時間経過により、雨による土の洗掘や、石のずれ、そして当然のことながら植物の繁茂、落枝、枯死、実生による自然生えなどの状況が生じます。

　このような状況に対し、現状維持の理由で、管理の手が入らない場合も

散見されます。その場合は、復元整備という大仰なことではなく、築庭当初の使い方、鑑賞の仕方に則った、手入れを不足なく行うということが造園文化の継承に通じ、利用者へは安全なもてなしとなって、庭園であってもユニバーサルデザインの完成度を上げるものだと考えます。

文化財以外の庭園については、言うまでもありませんが、たとえば、水溜まりは土を入れて転圧し、石のずれはつまずかないよう隙間なく揃える、そして、ビューポイントからは、目指す景観が見えるように剪定し、林内の自然に生えた不要な樹木は取り除いて、すべてを本来の作庭の目的とおりに手入れするということです。

2｜庭園に相応しい飲食や出店の提供

また作庭の目的や楽しむ方法を現在に活かした運営プログラムとして展開することが考えられます。かつて柳沢吉保は将軍の御成りに対し、現六義園に多くの茶屋を設え、お供にも好むものを出店してもてなしたといわれており、人気を博して再三の御成りがあったと伝えられています。たとえば今なお続く七五三や雛祭りは各家庭の儀式です。またグローバルな社会における企業経営には饗宴や接遇はつきものです。

このような社会生活の一端にも庭園が活用され、世界遺産でもある一流の和食のケータリングが提供できれば、国民として、企業としてのアイデンティティの表現になります。成人式や七五三等の折には、多種の売店や茶屋を出店し、人が成長する儀式の折には、家族とともに庭園に出向いて鑑賞しながら、食事や出店などを楽しむというプログラムがあると、生活文化のレベルアップを図る一助になるのではないでしょうか。

絢爛たる庭園の中の売店の商品が、自動販売機とカップラーメンや菓子パンなどではあまりにもサービス度が低いと言わざるを得ません。海外の人はもとより、日本人であっても興ざめとなり、その場所が有料であればなおさら一度来ればもう来なくていいとなるでしょう。

3｜管理の技法も展示の一つ

北国では重い雪で枝が折れないための雪吊りや藁ぼっちが地域の環境に合わせた管理手法であり、兼六園の雪釣りの準備は冬の風物詩として例年スポットが当たります。これらの用と景のディテール、それが組み立てられた遠近での見え方など、庭園は管理の設えさえも美観となります。したがって、伝統的な技法を用いて管理する人の風景も庭園の展示とし、

雪吊り、蘇鉄の藁ぼっちなど管理技術が季節の美観となる

邪魔にならない距離から作業を鑑賞できるようにすることも庭園の興味を深める一助になると考えられます。

4｜史跡を楽しむ工夫を

古墳などの時代を体感するプログラムが各地で行われ、古代人の衣服を着てみたり、火を起こしたり、食を再現したりしています。古代史はまだまだ未知の部分が多いので、その土地の歴史に基づいた資料の収集と、学芸員との協力で史実に基づいた正確な復元によって、当該地の興味を高めることのできるプログラムを検討しましょう。

5｜防犯カメラ周りの植物剪定

防犯等の管理のために各所に防犯カメラが設置される場合がありますが、植物の成長でカメラレンズを塞いでは、機能を果しません。カメラの設置部分は、剪定を怠らないよう注意しましょう。

4.4　グッドプラクティス

整備の準備	・文化的景観への配慮 　- 基礎調査、材料、ディテール、仕上げ等
情報提供	・公園の歴史解説、地域での位置づけ等、公園の特性と関連するサイトとのリンクにより検索を容易にする ・公園の最新の魅力情報がある。歴史の解説がある ・歴史施設にはたくさんの解り易い解説板を設置 ・文字情報との併用。文字が多いと読まれない ・資料館の整備（出入口または休憩所一体化）
	・学芸員の設置、各種の資料の提供、表現機器の整備 ・ガイドの設置と受付

駐車場	・ない場合は、周辺駐車場の有無又は公共交通のみ等の情報提供を行う
出入口	・資料館代替として、案内所での視聴覚室の設置も検討 ・ガイド等の受付
園路・広場	・移動等円滑化経路のエリアを明確に設定し、移動を促す素材や仕上げに配慮する ・乗り物等による移動の代替手段を用意する
主要施設	・移動等円滑化への施設整備は、歴史性を阻害しないデザイン、素材により行う ・移動等円滑化経路を設置できない場所の代替地となる俯瞰のポイント（例展望施設）を設置する
トイレ	・歴史性を阻害しないデザイン、素材により行う
休憩所	・歴史性を阻害しないデザイン、素材により行う ・茶屋、茶店等庭園鑑賞に相応しい設え、商品をセットする
照明	・月見の宴など季節の夜間イベントの企画開催
管理運営	・手入れのレベルは、作庭の目的に沿った維持を怠りなく実施する ・ライトアップ期間の夜間開園、茶店等の夜間サービスプログラムの実施 ・維持管理技術の展示、技術公開 ・防犯カメラ等の機能を果たせるよう周辺の植栽管理

5 スポーツのための公園

　スポーツのための公園の歴史は国民体育大会と一緒に歩んできたといっても過言ではありません。国民体育大会は戦後すぐの1946（昭和21）年に、国民に明るい希望と勇気を与える大会として、京阪神地区で第1回が開催され、その後、各都道府県の持ち回り方式になりました。

　そして、国民体育大会の開会式・閉会式が行われるメイン会場が都道府

大会開会式

陸上競技大会

県の大規模運動公園として整備され、同時に各種競技が開催される市町村では競技会場を中心に、その地区の運動公園として整備されました。1988年から2巡目に入り、施設のリニューアルの時代となります。1993年のJリーグの始まりはスポーツ界のエポックとなりました。各クラブのホームスタジアムを中心に新たなスポーツのための公園が整備されます。そして2001年第56回みやぎ国体からは、国体後に全国障害者スポーツ大会も同じ会場で開催されるようになりました。この頃からようやく運動公園におけるユニバーサルデザインへの配慮がされるようになり、さらに2002年のサッカーワールドカップの開催により国際規格に準じた大型スタジアムが各地に整備されユニバーサルデザインに対する配慮も加速しました。

　競技施設には競技ごとの詳細な規格があり、国体等の正式な競技大会を開催するためには、これらの規格を満足する必要があります。大規模運動公園においては上記の競技施設をすべて兼ね備えている公園もありますが、市町村レベルでは上記のうちの2か3の競技施設を核に運動公園として整備されているのが一般的です。

　障害のある人が、気軽に利用できるようなユニバーサルデザインで設計されている運動公園は、まだ数えるほどしかありません。

　スポーツのための公園が他の公園と大きく異なるのは、利用者のほとんどがスポーツをすること、または見ることの2つの明確な目的をもって公園にやってくることです。

　地域のスポーツ団体、アスリートを目指す中高生、そして健康管理のためにスポーツをしにくる市民、また、イベントとしてさまざまな競技大会の開催があり、そこに参加する人と観戦する人もいます。管理者は、スポーツ施設の管理者、スポーツイベントの運営者、スポーツ全般をサポー

応援団でいっぱいに埋まった観覧席

グランドゴルフ

トする人や指導者などさまざまな関係者との協働が必要となります。

5.1 公園の特性

　スポーツの公園は日頃の健康促進や趣味で気軽に利用する広場や河川敷グランド、運動公園、国内大会、国際大会等開催される競技場など多岐にわたり、目的に応じて整備内容も変わってきます。

　また、広いスペースや広い幅員の園路を活用することで広域避難場所としての役割も有しています。

　利用の特性は、幼児から高齢者、学生、車いす利用者、アスリートなど幅広い層が、日頃の健康増進や運動不足の解消、趣味での運動あるいはトレーニングのために訪れます。

　また、各種の大会等のイベント時には、大会参加者と観戦する人が国内外から訪れます。このような大きな大会は、施設利用料や観戦料を支払って利用することもあります。

　そして大会運営を前提とした施設には、テレビやラジオ放送などの基本設備が整えられていることもあり、合わせて売店や飲食施設など、サービスのための専用施設が準備されている場所もあります。

　大規模な施設では駅などの公共機関からの移動等円滑化経路は比較的整備されています。

　ここではスポーツのための公園における幅広い利用目的のなかから図5-3の □ 部分に重点を置いて説明をしていきたいと思います。

図5-3　スポーツの公園の利用イメージ図

5.2 整備・改修のポイント

1｜駐車場

　駐車場は公園の規模に応じたスペースが確保されていますが、パラスポーツ競技の開催時は障害者の観戦者も車いす利用者が多いので、通常の障害者対応駐車場に加えて、一般の駐車場にフレキシブルマークなどを用いて駐車間隔の広さを確保するとよいでしょう。

　また、アスリートは競技用の車いすを持参するため乗降だけでなくバックドアの開閉による荷物の積み下ろしが可能なスペースの確保が必要ですから、アスリート専用入口に近い駐車場を専用として駐車場からスタジアムへ屋根付きの通路を設けると更に利便は向上します。

2｜アスリートに配慮した出入口と園路

　入口と園路（通路）は、各競技場間の移動やサブトラックからメイントラックへの移動を円滑にするためにできるだけ高低差をなくすことや、競技者のメンタリティを損なうことのないよう競技に際しての招集・移動がスムーズな施設配置と動線を熟慮して計画すること、観戦者との動線の交差や、併用になることは避けることが必要です。

車いす陸上競技

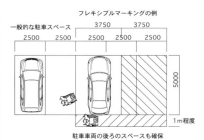

図5-4　駐車場の配慮例

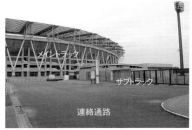

メイントラック、サブトラック、連絡通路

通路は階段を設けず、緩やかなスロープになっている（埼玉スタジアム2002）

車いす用のスロープ幅を3mにして車いすが楽にすれ違うことができる。また、滑止めの塗装がしてある（静岡エコパスタジアム）

丘陵地を利用したスタジアムのため動く歩道やモノレールを設置して移動をアシストしている（小笠山総合運動公園エコパ）

3 | 観戦者へ配慮した出入口と通路

競技場に繋がる公園の出入口と通路は、時として一度に数万人を受け入れ、排出する必要がありますので、人の密度で足もとが見えない状況となります。危険のないようできるだけ勾配を緩やかにし、階段のない広い通路を設置します。長いスロープの場合は一定の距離ごとに平坦な踊り場を設置します。勾配が急な丘陵地などは動く歩道やモノレールなどの設置により移動を手助けします。

4 | サイン（案内）

スポーツの公園のサインは電光掲示板、音声誘導案内などの電子式の誘導サインによる整備が整っていることが特徴です。

観覧席は短時間で自分の席がわかるような出入口や席番号の誘導案内が必要になります。

5 | アスリートのための付帯施設

障害者スポーツは一般の競技場を利用して行うことができます。いずれの競技場もトイレ、更衣室、シャワールームなどの便益施設や通路などの設備に配慮することが必要です。

ピンポイントで観戦席に誘導するために座席番号をわかりやすく各所に表示

音声誘導装置や触知盤の総合サインと触知盤による誘導

車いすでも利用しやすいシャワールーム

オストメイト流しと身障者用便器　　　　　　おむつ替えシートと幼児用小便器

6｜観覧席

観戦のための車いす席はスタジアムにとって重要施設の一つです。サイトラインを十分考慮して配置を計画しましょう。IPCではパラリンピック時の車いす席数を全座席数に対して1～1.2%を求めています。

また、観戦席は高段、中段、下段の高さの違いや、競技場の長手側と短か手側によって、競技の見え方が異なるので、車いす用の観戦席は多様で選べる環境を整えることが必要です。さらに、聴覚障害者のためには、磁気ループ等の敷設とその席が聴覚障害の人への配慮席であることが見てわかるように耳マーク等の表示があると親切です。

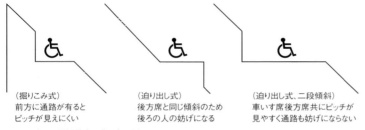

（掘りこみ式）
前方に通路が有るとピッチが見えにくい

（迫り出し式）
後方席と同じ傾斜のため後ろの人の妨げになる

（迫り出し式、二段傾斜）
車いす席後方席共にピッチが見やすく通路も妨げにならない

図5-5　車いす用観戦席の作り方の例

二段迫り出し式で後部席の妨げにならず前席も干渉されていない（埼玉スタジアム2002）

車いす席に聴覚障害の人にも配慮した事例（彩の国くまがやドーム）

IPCとアクセシビリティガイドライン

豆知識
- IPCとは……International Paralympic Committee（国際パラリンピック委員会）のこと。1989年に設立されたパラリンピックを主催する団体で、パラリンピックに参加する各種国際障害者スポーツ統括団体を統括する組織。
- アクセシビリティガイドライン最新版……IPCでは開催国、開催都市の特性を勘案したうえでアクセシビリティガイドラインを作成することを定めている。
- 東京オリンピック・パラリンピックのアクセシビリティガイドライン……東京オリンピック・パラリンピック競技大会組織委員会では2014年より東京版アクセシビリティガイドラインを作成（2017年3月24日発表）。

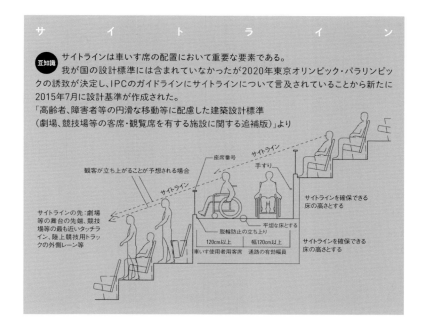

7 | ホスピタリティエリアの設置

　観戦前や終了後には、大量の観戦者が一度に入退出できない状況が起こります。そこで、観戦者に対して飲食サービスやグッズの販売等がある滞留エリアを設け、時間差で入退場を促す工夫をしましょう。とくにスタジアムへの交通駅が1カ所しかない場合や、バスしかないなどの立地の場合には必要です。

8 | 防災対応

　広い敷地や施設を利用して広域避難所としての活用を行います。観客

車両の荷台の高さの搬入口（熊谷陸上競技場）

各災害用備品を備蓄（熊谷陸上競技場）

席の下のスペースは備蓄倉庫として利用できます。また、自家発電などの施設の整備により電光掲示板などを利用して情報を提供できます。

5.3 管理運営のポイント

　大型のスタジアムや運動公園の一部では指定管理者等の管理者が常駐しており、さらに、スポーツターフや人工芝、全天候舗装等の施設については専門業者による管理が行われています。

　イベントが開催される時は入口付近にボランティアや外部委託の係員を配置して観戦者を誘導します。小さな大会ではイベントボランティア等により運営される事もあります。

　臨時で地域の特産品の販売や飲食などのブースの増設や観光PRが行われることがあります。また、各種のイベントは、大会のレベルによって、Webやテレビ・ラジオ・新聞などにより事前にアクセス情報、開催状況等が確認できるような情報を提供します。

1｜多様な利用者への情報の提供

　比較的規模の小さい広場やグランドなどでもWebにより施設の整備内容や利用状況などを公開し、利用を促す努力をしましょう。

　Web等により事前にイベントの開催情報を発信します。

　スタジアムWi-Fiなどの整備や会場内でのトイレや授乳室、救護所などの情報をWebでサポートします。同時に競技の経過、結果などの現在情報が収集できるようにします。

2｜地域との連携

　地域との連携を図りましょう。地域ボランティアの協力や遠方から訪れる人へは地域の特産品の販売ブース、飲食ブースを設けるなど周辺観光の啓発のために地域の情報発信を行います。

3｜観戦者への配慮

　観戦席への誘導をスムーズにするために誘導サインや、イベントの規模に応じてスタジアムボランティアなど配備します。

　観戦場所を選べるような車いす席の販売システムを作りましょう。

　さらに、観戦者のなかには盲導犬等介助犬ユーザーもいますので、そのためのトイレスペースが確保されていれば安心です。

4 | 事故への対応

救護施設の充実を図りましょう。すべての利用者にけがや外傷障害や熱中症などは想定できることです。とくに障害者競技の場合は緊急手当ての救護体制が不可欠となります。

5.4 グッドプラクティス

整備の準備	・整備目的に応じた、十分なスペース（例サブトラックの用不用）、動線（例アスリート、広報関係、一般観戦者等）へ配慮する
情報提供	・イベント開催時は、開催状況やフィールドや観覧席の場所を事前に把握できる情報の提供
駐車場	・アスリート用の車いすの出し入れを容易にするためバックスペースを広く確保する ・テレビやラジオ中継車用の駐車スペースの確保をする
出入口	・大量の利用者を短時間で入退場ができる広さと安全性の確保
園路・通路	・アスリートが利用する動線（園路）は、一般利用者と分離する。とくにメイントラックとサブトラックの行き来するルートに配慮 ・エレベーターによる階の移動や動く歩道の設置。高齢者、車いす、乳幼児、妊婦などを対象としたモノレールを設置する
ロッカー・シャワールーム	・障害者でも利用しやすいロッカールームやシャワールームを設ける
車いす観覧席	・サイトラインを考慮し、前・中・後段等の場所に障害者席を設けて、観戦席が選べる仕様とする ・聴覚障害者にも配慮し、磁気ループ等の敷設と耳マークの表示
救護所の設置	・イベントの開催時には専属の医療スタッフを配置
トイレ	・盲導犬や介助犬などの補助犬用のトイレの整備
休憩所・売店	・イベント時には、ホスピタリティエリアの設置 ・スタジアムグルメや地域の特産品の販売観光物産等のイベントを実施
照明	・日常とインベトの切り換えができる照明設備の設置。複数の出入口に対応した利用者誘導
管理運営	・駐車場入場の時間調整（中継車両、アスリート及び関係者用車両） ・入退場を円滑にするための臨時職員やボランティアの採用と有事対応等の指導 　＊多様な観覧席がある場合は、車いす用シートが選択して購入できるシステムの導入

車いすアスリートの視点から見た運動公園　　花岡伸和

Column

・車いす競技(ロードレース)について

　古くからパラリンピック競技でもあり、日本においても歴史、競技人口などから車いすスポーツの中でもメジャーといわれるのが「車いすマラソン」です。車いすマラソン大会としては世界一の規模である大分国際車いすマラソン大会をはじめ、多くの車いすマラソン大会が開催されています。

　車いすマラソン(フルマラソン)の世界記録は1999年にスイスのハインツ・フライ選手が大分国際で記録した1時間20分14秒であり、平均時速に換算すると31キロを越えるペースで走破した事になります。また、近年は競技用車いすの進化にも伴い、ボストンマラソンなど高低差のあるコースでは下り坂でのトップスピードが70キロにも達します。

　このようにタイムやスピードから、マラソンといっても、自転車競技に近いスポーツであるといえます。

・トレーニング環境の現状

　充実したトレーニングが可能で安全にも配慮できる理想的な環境は、歩行者やランナー、自動車の存在しない場所ですが、とくに都市部ではそのような場所はほとんど無く、陸上競技場やサイクリングロードまたは公道を利用していますが、実際のレースを想定したトレーニングを行うには、やはり高速走行時でも安全が確保されるロード環境が理想的です。

　しかし、競技場やサイクリングロードのような場所であっても、共用にあたっての速度差により接触事故など危険が伴います。

　運動公園であれば、自転車レーンと歩行者(ランナー)レーンに走路を分けている所もありますが、もともと公園はいろいろな目的の利用者が入り混じっている環境であり、なかなか思い切ったトレーニングができる場所は少ないのが現状です。

駒沢公園内のジョギングコース。ランナーは守っているがジョギングコースを注意せず歩いたり横切る来園者も見られた

千葉市内の自転車レーン。安全確保には自動車側の安全意識が高まる必要がある

東京、虎ノ門付近の歩道。長い距離ではないが理想的な自転車専用レーンが設けられている

花岡伸和(はなおか・のぶかず)……1976年大阪生まれ。高校3年生の時にバイク事故で脊髄を損傷し車いす生活に。翌年から車いす陸上をはじめ、2002年、1,500mとマラソンで当時の日本記録を樹立した。2004年、アテネパラリンピックに出場し、マラソンで日本人最高の6位に入賞。ロンドン大会でも5位に入賞し、陸上を引退。現在はハンドサイクルに転向し、現役でプレーするかたわら、日本パラ陸上競技連盟の副理事長を務める。

・車輪を使ったスポーツ文化

　世界的には、ヨーロッパでは自転車文化の発展もあり、道路を使ったスポーツイベントでは、ランナー、自転車、インラインスケート、そして車いすが同じ場所で競技を行うこともめずらしくありません。しかし、日本では、マラソンはマラソンだけ、自転車は自転車だけ、少数派であるインラインスケートや車いすは参加の機会が少なくなってしまう事もまだまだあります。

　歩道での歩行者と自転車の接触事故や、公園やサイクリングロードでの自転車の速度制限など、車輪のついた乗り物が加害者として見られやすい現状も、やはりハード面の整備と理解の促進が遅れている、この国の「車輪を使ったスポーツ文化」の遅れでもあると感じています。

行ってみたい運動公園

　全ての利用者に対して完璧な設備を整備するというのは、公園に限らず難しい事だと思いますが、カテゴリーごとに使いやすく、また安全を確保する事は可能ではないかと考えます。

　たとえば、ウォーキングとランニング、自転車やインラインスケートに車いすのレーン分けなどはもちろんですが、そこにスピードの速い乗り物が走っていることを前提とした造り。はっきりとしたレーン境界、走路と広場との導線を分ける、植込み等によるブラインドコーナーを無くす、交差点には進入側にスピードバンプや一時停止を余儀なくする仕組みを設置するなど、ハード面での工夫はいろいろあると思います。

　また利用者の意識改革、それぞれの利用目的を他者に迷惑をかけることなく果たすためにパンフレットや講習会(乗り物)などで利用者に訴える事も必要かと思います。

　そのような公園があれば、公道を使用しなくてもさまざまな「走る」スポーツを同時に行える、社会にその素晴らしさを発信できる運動公園になるのではないでしょうか。

東京、虎ノ門付近の歩道。多くは歩行者と自転車が混在し、歩行者優先の表示がある

北海道、深川市石狩川沿いの自転車道。ここまで整備されていて人通りも少なければ十分なトレーニングが可能

スイス郊外では多くの道路に自転車レーンが整備されている。また自動車側の安全意識も高いと感じる

6章

植物を使いこなす

日本の景観の魅力は、地形や地質、気候の多様性とそれに伴う植物の多様性です。江戸時代、その多様な魅力に取りつかれたのが、出島3学者といわれる外国の人たちです。エンゲルベルト・ケッペルは1690年に、カール・ツンベルグは1775年に、そしてシーボルトは1823年に来日しています。いずれも医学者であり博物学者です。

　当時の医学者が植物に詳しい訳は、薬といえば生薬しかなかったので、生薬探しのための植物学が必要であり、彼らは我が国の各地でプラントハンティングをしたのです。ケッペルは「廻国奇観」の5編のなかで日本の植物誌を書き、ツンベルグは日本で採集した約800種類の植物標本を残し、シーボルトは、「日本植物誌」をまとめています。これらの成果が我が国の植物学の基礎となりました。

　また、庶民が植物を愛でる習慣も、江戸時代に開花します。徳川幕府が開かれた1603(慶長8)年、の翌年には、明より「本草綱目」という植物図鑑が到来しています。以降、改訂された和刻本などを含め17世紀は植物に関する図鑑が多く出版されています。いわゆるボタニカルアートの着手期ですが、浮世絵師が多くいましたのでお手の物というところです。

　植物の種類は、江戸の前半は主としてツバキやつつじ等の花木が愛でられ、草本類は菊くらいだったようです。トマトは鑑賞用に持ち込まれています。

　後半になると草本類が主となり、オモト、アサガオ、花菖蒲などがはやります。また、斑入り植物が奇品として図化されています。

　江戸時代に多くの渡来物が入り、品種改良によって新しい植物が多く開発され、コンクールなどもあったようです。今で言う新樹種開発の歴史がここにあるということでしょう。現在、外来種が環境を攪乱することで問題となっていますが、新樹種と外来種は違います。

　植栽計画をする人は十分に植物の履歴や性質を学び、適材適所に活用することがそのスタートであると考えます。

　屋外空間における植物は、光や風、気温などその日の微気象の中で生命力を発揮します。季節変化の状況が人の五感を刺激することを考えると、公園の魅力を最も創出する要素といえます。植物のもつ多様性を活かすことにより、視覚や聴覚に障害があっても五感を使って楽しむことができます。

　視覚、嗅覚、触覚、聴覚、味覚を刺激してくれる植物を配置し、季節ごとに、心地よく美しい空間を演出することで多くの人が楽しむことができ

る公園づくりをしていきましょう。

1　植物による景観形成

1.1　視点場の景

　公園で景観を形成するには、利用者が動かないで見る景観と動いてみる景観に大別できます。動かず、立ち止まってみる景観は、展望所あるいは休憩所等の視点場から眺める景観です。もちろん、景観は決まった場所以外でも、その季節感や気候、時間などによって、ふと立ち止まり魅せられる景観もあります。立ち止まった場所が、その時の視点場といえます。
　まず、設定した視点場での景観は、どのような景観でしょうか。

1 | 遠景・中景・近景

　写真撮影のレンズが自分の目と考えてみましょう。どこに焦点を合せて写真を撮りますか。

① 遠景

　広い公園ならではの景観です。視点場となる休憩所やベンチが置いてある場所からの景観ですが、遠景は、その場所から広い池や広場を介してその奥に展開する景観です。さらには場所により山々の連なりや、ビル群など、外部の要素も含まれます。見え方は、連なる樹木の稜線や樹形、色などの植物の特徴と天候や時間によって背景となる空の色、雲、夕焼け、曇り、雨、霧などの気候、天候により変化します。広がりと奥行きがある景観が視点場からは平面に描いた絵のように見えます。

遠景1　広い池を介在して

遠景2　草原を介在して

175

② 中景

　中景は、視点がやや近くなります。小さな池や広場を介した景観で、ときには池にかかる橋の上や、あずまやの中から見える景観ですが、背景としては、空ではなく濃い樹林や構造物であり、その前面の景観です。したがって同じ樹種でも遠目の樹木は樹形や色の区別ができる程度で、それよりも視線に近い場所の樹木は、葉の形や樹皮などで樹種が判断できますので、遠近感があって複層的に見えます。また、風による木々の揺れなども如実に見えるので、遠景に比べると立体感や、天候に影響を受けた樹木等の動きがよく見える景観といえるでしょう。ここでの空はやや見上げたところに広がります。

③ 近景

　近景は、仲介するものがなく、落とし加減の目線の前に見える景観です。視点の対象物は色、形の詳細までがはっきりと見え、匂いを感じるなど、一つ一つの植物やその種類のもつ特性をはっきりと感じることができ、姿はくっきりと見えます。目前の植物群の中に身を置いて見る景観でもあります。

中景1　目線は橋とその周りへ

中景2　目線は少し向こうのオブジェへ

近景1　目前に広がる花壇

近景2　花に囲われた撮影スポット

2 | 見下ろす景・見上げる景・映す景

　園内の大きな建造物の展望台や自然地の公園の展望所では、そのポイントへ到達する途中に見上げる景観があり、到達した場所からは眼下に見下ろす景観を得ることになります。それだけ園内に高低差がある場所ということになりますので、到達までのアクセスに展開する景観と、到達点での広がる景観の演出を考えましょう。

　また、静かな水面に樹影が映し出される美しさもあります。晴天ではくっきりと、曇天ではぼんやりと映り方が異なり、それぞれに美観を得ることができます。水鏡の効果を植栽の演出方法として検討しましょう。

1.2　連続する景（視界の広がりとシークエンス）

　公園を歩いていて見る景観は、おもに園路沿いの連続する景観です。これには、いろいろな作り方がありますが、真っすぐな園路に沿って直線の軸を作る景観と、園路が曲線であれば、その流れに沿って景観を作る場合があります。

見下ろす景

見上げる景

晴天でシラカバと紅葉がくっきりと映る

曇天でビルと樹木が墨絵のように映る

1 | 直線のシークエンス

直線の園路の両側に高木を列植して、ビスタを形成します。両側の視界は閉じられ、視線は前方へ導かれます。

2 | 園路、水路沿いのシークエンス

園路や水路沿いに植栽することで、奥行きのある連続性を形成します。この場合は、植栽よりも園路や水路がシークエンスの軸となります。高木が園路や水路の際にないので、視界は横にも前にも広がり、パノラマを形成します。

3 | 視界が限定されないシークエンス

圧倒的スケールの花畑は、視界がどこまでも広がり、大パノラマが展開します。連続性は地平線まで続く景観です。

並木のシークエンス

園路、水路沿いのシークエンス

ネモフィラの丘／視界が限定されない

2 植え方や色とのコントラスト

2.1 樹木の植え方とコントラスト

　樹木は植え方によって空間のコントラストを形成することができます。明るさと広がりを強調したい場所では、そこに至るまでのアプローチをトンネル状にして暗く、細く視界を遮ることで、その先の明るく広がりのある場所が強調されます。視界を閉ざした通路は、構造物と植物を併用して構成することや、照明を加えるとより魅力を増す空間になります。

　また、園路の左右の作りを変えて右は、盛土にして植栽密度を濃くし、左は低い柵で植栽は低木や落葉樹を点在して植えると、園路沿いは左右に暗さと明るさのコントラストが形成されます。

　このように、植物の特徴を活かした組合わせでさまざまな景観形成ができますから、植栽計画は単に平面図に丸をかいて樹種を決めるのではなく、四季感や時間を前提として、他の施設とともに立体的な空間の構成、歩行による体感をイメージしながら樹種の色、形、将来の大きさなどを想定した綿密な計画が必要です。

2.2 花色とコントラスト

　植物のなかでも花の開花期は多くの利用者が入園します。桜の花見はその代表例ですが、近年は広大な花畑が人気の場所もあります。

　花は基本的に葉と茎が緑で、花色はさまざまです。背景となる緑とコントラストが強く出る白や黄色は際立つ花色です。ピンク系やオレンジ系でも白味が強い花色は際立って見えます。

　反面、濃い目の赤やブルー、紫は緑の中に沈む色ですから、明るい葉色や白色の花の種類を背景にすると、花色が際立ちます。したがって、濃い

コントラストの演出

緑のトンネル

表6-1 色の効果と花の種類

色彩	色のイメージ（効果）	花の種類
ピンク系	なごやか、暖かい、女性的、幸福感、やすらぎ	シバザクラ、ナデシコ、ジキタリス、コスモス、ツツジ、シャクナゲ
レッド系	活動的、高貴、エネルギー、活性化	モナルダ、カンナ、ダリア、アマリリス、インパチェンス、サルビア、ベゴニア、ケイトウ、ツツジ
オレンジ系	陽気、暖かい、食欲、気分高揚、行動力	カンゾウ、パンジー、マリーゴールド、ナスタチューム、ジニア
イエロー系	明るい、太陽、勇気、明日への希望	ヘリアンサス、ヘメロカリス、スイセン、マリーゴールド、キンセンカ、ヒペリカムカリシナム
ブルー系	清潔、落ち着き、穏やか	アガパンサス、キキョウ、ロベリア、ブルーサルビア、ヤグルマソウ
パープル系	高貴、強さ、エネルギー	バーベナ、ミヤコワスレ、アイリス、パンジー、アスター
ホワイト系	神聖、清潔、純粋、浄化	シバザクラ、シャスターデージー、スイセン、タマスダレ、クチナシ
グリーン系	安らぎ、リラックス、生き生き、若々しい	アサギリソウ、フッキソウ、ギボウシ、ハイビャクシン

ボーダーガーデン

カラフルな彩りのフラワーガーデン

目の赤やブルー、紫の花は、手前の見えやすい位置に植えるか、後方に植える場合は大輪で背の高い種類を組み合わせる方が効果的にみえます。

また、たとえば大小の白花と斑入り植物によるコントラストで白の色味にこだわったホワイトガーデンなど、花は多種同系色で微妙な色調のコントラストで統一する試みも美観形成に寄与する技法です。

2.3 カラーリーフとコントラスト

草花の多くは日当たりのよい場所を好みますが、公園のすべての場所が、日当たりが良いとは限りません。建造物や、巨木による日陰も多く存

在します。その場合は、日陰に強い植物を集めたシェードガーデンを検討しましょう。銅葉をはじめとする草花や、斑入り植物（バリエガータ）、グランドカバーなどさまざまな葉色のコントラストにこだわったカラーリーフのシェードガーデンも魅力的です。

2.4 四季咲きにこだわらない考え方

　花の庭がセールスポイントの公園では、四季咲きに注力して管理をする場合があります。もちろん、地域の風土気候に花期が合っていれば問題はありません。が、場所によっては風土気候よりも四季咲きに重点を置くと、予算からは多様な花苗が入手できないために単調になったり、また植えても十分に成長しないなど、花の効果が上がらない場合があります。適した花がない期間は土壌を休ませる期間にしてもいいのではないでしょうか。土は劣化しますので、地力を取り戻す期間も重要です。そのことも自然の知識として花壇の情報提供に加えると説明がつきます。

3　グッドプラクティスの植栽計画

　多くの人々は花や緑を「目で見る」ことで認識しますが、同時に木漏れ日の光や緑陰で温度変化を、風による葉音や木の実や虫などの餌を求めて飛来する鳥のさえずり、落ち葉を踏みしめることで音を、花の香りで匂いを、皮膚や手足の感触で、耳で、鼻でと複層的に花や緑の要素を感じているのです。

　とりわけ視覚に障害がある人、とくに全盲の人は色や姿を感じることはできませんが、他の機能は鋭敏ですから、「音」や「香り」や「感触」が風景となるわけです。そして、野菜やハーブといった植物の食材を味わうことも忘れてはいけません。したがって植栽は、「視覚」に頼りすぎることなく、「五感を通して感じる」ことができる工夫が大切です。

3.1　植栽計画のポイント

　植物計画は以下の点に配慮しましょう。

・五感を刺激する樹木や草花を選定し、計画を行う。その時、とくに匂いの要素の植物は近接せずに、一つ一つが際立つ配植を行う。

- 四季を通して感覚を刺激する多様な植栽計画を行う。
- 休憩施設の配置やサイン計画と関連づける。
- より感覚を刺激するための密度、装置等の工夫をする。

3.2 植物及び付帯施設活用のポイント

1 | 植物の選定と配植の注意

利用者にとって有害あるいは不快な刺激は、できる限り排除します。そのうえで、四季を通し、楽しめる空間を演出する樹木や草花を選定します。

- アレルゲンとならないもの
- 毒性のないもの
- 棘のないもの
- 葉先が鋭くないもの
- 病害虫に強いもの
- 不快害虫を誘引しないもの
- やむを得ず、棘のあるものや葉先が鋭いものを用いる場合は、手の届かない場所に配植
- 水生植物は、観覧者の水への落下などの危険がないよう触れ方を工夫

2 | 付帯施設

① 支柱・ツリーサークル

支柱やツリーサークルは、安全な形状のものを使用し、かつ通行の妨げにならないよう設置に配慮しましょう。

② 壁・柵とハンギングバスケット

ハンギングバスケットとはコンテナガーデンの一つの手法で、地面な

ハンギングバスケット

壁面を彩るハンギング（山下公園）

ど低い位置に鉢を置くのではなく、壁にかけたり、吊るしたりとさまざまな高さに配置できます。子どもから大人まで、目や鼻の高さが異なることへの配慮が簡単にできます。

　色や形、組み合わせる花の種類を統一したハンギングバスケットが園路や街路に連続して利用されれば、誘導サインとなります。

　設置する際は、視覚に障害をもつ利用者がぶつからないように気をつけます。

③ **ハーブベンチ**

　ハーブはお料理や匂い袋などに活用するのが一般的ですが、公園ではベンチに仕立て、座って香りを楽しむ方法があります。

　タイムのように草丈が短く、人が座っても茎が柔らかくて折れない種類が適しています。ベンチに座り、手で葉に触れると香りが立ち上がります。

④ **トレリス・エスパリエ**

　トレリスとは格子状の柵のことで、ツル性の植物をからませることで立体感の演出や、空間の仕切りができます。エスパリエとは樹木、とくに

ハーブベンチに座って香りを楽しむ

ハーブの香るベンチ

エスパリエ（ザルツブルグ）

レイズドベット

レイズドベット

果樹やツル性植物を壁面や塀などに誘引して緑化する手法です。

トレリスやエスパリエ等の手法によって、花に囲まれたゲートや休憩所ができると、立体的で、柔らかな光や色や香りを感じる気持ちの良い空間となります。さらに立体化する装置によって一層の緑量を感じることができます。また、建築物の壁面や屋根面に植栽することは、建物の熱負荷低減にも役に立ちます。

⑤ レイズドベッド

床面を高くした花壇のことです。日本語に訳すならば「持ち上げ花壇」でしょうか。腰をかがめずに観賞し、手入れができるので、高齢者や車いす利用者にはうれしいバリアフリーに配慮したスタイルです。

また、レイズドベッドの植栽は、車いすに乗ったまま近づけるため、容易に植物に手を触れることができます。香りがする草花等を植栽するとさらに効果的です。

⑥ 基盤材

体の状態によっては、土に触れられない人もいます。そこで、土ではない基盤材で簡単に栽培できる方法を用いれば、植物を育てる作業を楽しめ、草花との触れ合いが楽しめます。簡易な園芸作業プログラムを計画しましょう。

→水耕栽培
→ロックウールを使用
→セラミックなどの人工土壌を使用

3.3 花演出の応用

ここでは花の見せ方の応用例を示しています。

①立体花壇

階段の段差と、柱状のプランターを活用し、立体的に仕立てた花壇。階段や柱状のモニュメントも加わり、量感、奥行き感を仕立てている（都市緑化フェア横浜）

基盤のプランターを円錐状に仕立て、クリスマスツリーに仕立てた花壇（三菱一号館周辺）

②照明で見せる夜の花壇

クラシカルなデザインの照明を活かすように仕立てた花壇（都市緑化フェア横浜）

高い位置からの照明によるチューリップの花壇。夜のムードを幻想的に演出（都市緑化フェア横浜）

③キッチン花壇

立体的に仕立てた野菜の花壇と一緒にセットした食卓。新しい庭づくりのヒント（バラとガーデニングショー）

ハーブと野菜の花壇。畑の作り方の概念が変わる。作っても食べても楽しい（バラとガーデニングショー）

公園の思い出　　芳賀優子

Column

　私は生まれた時からロービジョン(弱視)です。ロービジョンは一人一人視力や視野、見え方の特徴が異なります。見た目もさまざまで、白杖を使っている人・いない人、眼鏡をかけている人・いない人が混在しています。だから、"ロービジョン＝A"というシャキッとした公式が成り立たない、非常にわかりにくい障害です。「少しは見えるが、見え方は人によって全然違う」という障害の特性が、かえって理解を難しくしているようです。

　ほとんどのロービジョン者が、自分の見えにくさを周りに説明するのに、多くのエネルギーを費やしてきました。それは、「ロービジョンのためにはこうすればよい」というような、マニュアルが見い出しにくいことを意味します。

　私にとって公園は身近な存在です。子どもの頃は近くの公園が遊び場で、そこには大人には見つかりっこない、たくさんの「秘密基地」や「隠れ家」がありました。現在の住処(すみか)に引っ越してからもそれは変わりません。駅の向こうにある公園には美術館があって、そこにはお気に入りのカフェレストランがあります。夏にぼーっと本を読むのに最高の場所だって見つけてあります。私だけでなく、きっと多くのロービジョン者が自分の好みや感性で、それぞれに公園を利用しているし、利用したいに違いありません。

　「のぼうの城」を読んで、3月上旬のある日、夫婦で忍城と埼玉古墳に行ってみました。すごく楽しかったです。自分がロービジョンであることを意識しない一日でした。厳密ではないと思いますが、園路は土が踏み固められた感触で、それ以外は芝生でした。だから芝生の感触を靴底に感じたら、道を外れていることがわかります。たとえ道を外れても、公園内ですから命の危険はあ

りません。梅のいい香りに包まれ、梅を愛でながら古墳に上るという、なんとも贅沢な散歩。

　古墳の解説の案内板は、はり付くように思いっきり近づいて見ることができ、明度差のはっきりした日本語と英語、文字と重ならない位置の点字案内があり、ルーペで文字を読むにも邪魔になりません。一番大きな稲荷山古墳は高さ19m。"1階＝約4〜5m"とすれば、5階建てのビルみたいな感じでしょうか？違う古墳は中も見学でき、入口を入ったとたん、土臭くてじめっとした古墳独特の感覚です。2階は棺を納めてある部屋です。

　学芸員が、親切に古墳のことをいろいろと説明してくださいました。この方は、本当に古墳や古墳時代のことが大好きなのだとわかります。私たちも歴史好きなのでかなり盛り上がりました!!「ロービジョンのために説明している」という姿勢は全くありませんでした。誰かに急かされたり、人の波に合わせて見学することもなく、自分たちのペースでゆったりと古墳公園を楽しみました。

　「楽しい」「きれい」「ほっとする」という気持ちは、障害のあるなしにかかわらず、人間共通ではないでしょうか？公園のユニバーサルデザインとは、何気なく訪れて、その人の思い思いの方法で違和感なく楽しめるような、懐の深い公園のことだと思います。

　障害者と健常者双方の無知や無関心が、誤解や歪んだ理解に繋がり、それが偏見や差別の果実となります。ならば、お互いに知って、関心をもって、正しく理解し合って、ユニバーサルデザインの果実を育んでいきたいものです。健常者だけが頑張っても、障害者だけが盛り上がっても、この果実は育ちません。トンネルのように、お互いに手を携えながら、両側から掘り進めていきたいものです。

芳賀優子(はが・ゆうこ)……1962年、福島県生まれ。生まれたときからロービジョン(弱視)。視力:右→光を感じる程度、左→0.02、色覚異常あり。ルーペ、単眼鏡、遮光眼鏡が三種の神器。高校までは盲学校で学び、大学ではスペイン語を専攻。運輸会社に一般事務職として22年半勤務、NHKラジオ第二放送視覚障害者のための番組司会を3年間務める。1991年より、ライフワークとしてバリアフリー活動に携わり、現在に至る。

公園での井戸端会議は手話で

松森果林
聞こえる世界と
聞こえない世界を
つなぐUDアドバイザー

Column

　いつものように公園でママ友達と井戸端会議をしていたときのことです。
　突然「S君が泣いている！」と気付いた母親たちは声のする方に向かっていっせいに駆け出しました。視界には子どもたちの姿はありませんが、遊具の向こう側に回ると、転んで泣いているS君と、心配して声をかける子どもたちがいました。幸いケガもなく、胸をなでおろした母親たちはその場で井戸端会議を続けました。
　子どもたちの姿が視界になくても、泣き声が聞こえれば駆けつけることができる。声を聞けば誰の声かまで判別できる。これが聞こえるということなんだ、と改めて感じた出来事でした。子どもたちがまだ幼稚園児の頃のことです。

　私は耳が聞こえません。小学4年で右耳を、高校2年で左耳も聴力を失った中途失聴者です。自分から話すことはできますが、音や声を聞きとることはできません。そんな私が子育てをするうえで、ママ友達の理解と協力は欠かせないものでした。そこで「いつもの井戸端会議を手話でする」ことを目的とした「井戸端手話の会」を立ち上げ、週に一度集まる時間を作りました。公園でのおしゃべりは、ママ友達にとっては子どもたちを遊ばせながら覚えたばかりの手話を使う貴重な場所となりました。そんななかでママ友達は、先述のような状態では、誰が泣いているのか教えてくれたり、子ども同士のケンカではそれぞれの言い分を教えてくれ

たり、東日本大震災の時には、学校や近くの公園に避難した子どもたちの情報を教えてくれたりと、私にとって大切な友人たちになりました。

　聴覚障害には「コミュニケーションのバリア」と「情報のバリア」という二つの特性があります。相手の言っていることが聞こえないことや、手話が通じないために生じるコミュニケーションのバリアは生活のなかで多くあります。これに対して身のまわりのあらゆる音声情報が取得できないために生じるのが情報のバリアです。たとえば駅や電車内、公共施設等で非常時は音声アナウンスが中心です。地域の防災無線などもそうです。これらが聞こえないと「今何が起こっているのか」分からず次の行動の手立てが取れないのです。
　平成25年厚生労働省の調査【※1】によると、聴覚・言語障害者は約32万4千人とされています。身体障害者として認定されない難聴者は約1,430万人です【※2】。一方で、平成28年度総務省の調査【※3】によると難聴を自覚している人は約3,386万人という結果もあります。3人に1人は聞こえに問題があるということです。超高齢社会に伴い、加齢による難聴者が増えている背景があります。つまり聞こえにくい・聞こえないという耳の問題はみんなの問題なのです。
　だからあらゆる場において「コミュニケーションの確保」と、「情報伝達を保障」する

松森果林（まつもり・かりん）……1975年東京生まれ。十代で両耳の聴力を失った中途失聴者。聞こえる世界と聞こえない世界、両方を知ることを強みにユニバーサルデザインアドバイザーとして東京ディズニーリゾートや、羽田空港国際線ターミナル、成田国際空港等に関わるほか、講演、執筆、大学講師をつとめる。近著に『音のない世界と音のある世界をつなぐ──ユニバーサルデザインで世界を変えたい！』（岩波書店）、『誰でも手話リンガル』（明治書院）など。

ことを考えてほしいのです。公園をはじめとした公共施設の受付や案内所では、「聞こえない人」や「手話を言語としている人」に対して手話での対応や、筆談の準備、指をさして用件を伝えるコミュニケーション支援ボード等の準備が必要です。音声認識アプリなどは、日常生活で活用するほか、多言語翻訳もできることから公共施設の案内窓口での導入も増えています。それと同時に「聞こえにくい人」に対して聞きとりやすいスピーカーの準備や、音声を直接補聴器に伝えるヒアリングループ（磁気ループ）の設置など「聞こえやすい環境」を考えなくてはなりません。そして音声情報は、文字や手話、イラスト、写真等視覚的にも伝えると誰にとっても便利です。非常時には、光の点滅で知らせるフラッシュライトもあります。

とくに公園は、災害時の一時避難所として指定されるほか、避難場所や活動拠点として活用される役目をもった「防災公園」も増えています。私自身も地域の防災訓練に参加し、災害時の備蓄品のなかに大形のホワイトボードやマーカーを用意していただきました。そうすればすぐに書き込んで伝えることができるからです。

最後に、「見通しが良い」ことが大切です。見えない場所からの呼び声や泣き声は聞こえないからです。だから家の中でもできる限り、見通しの良い間取りを工夫します。私たちにとって「見える」ということは安心感があるだけでなく、遠く離れた場所でも手話が見えれば声を出さずに会話ができるということなのです。賑やかな公園で子どもたちが大声ではしゃいでいるなかでも、井戸端手話の会のメンバーたちは手話で会話を楽しみます。もう16年にもなります。子育てをする母親にとって公園とはとても身近なものです。子どもを遊ばせ、子ども同士が交流を深めるだけでなく、母親同士の出会いもあり、井戸端会議の場でもあるのです。そんな親の様子を見て育った子どもたちが社会に出ていくまでの年月はあっという間です。

障害のあるなしにかかわらず、親子ともに多様性を知り、支え合うなかで一人一人がかけがえのない存在として大切にされる社会に繋げるための、はじめの一歩を踏み出す場、それが公園でもあるのだと思います。子どもたちが成長した今、井戸端手話の会のメンバーとは植物公園やバラ園を訪れます。あと数年もすれば、今度は孫を連れて遊具のある公園に戻るのかもしれません。それもまた楽しみなのです。

*1 平成25年厚生労働省「平成23年生活のしづらさなどに関する調査結果」
*2 日本補聴器工業会 Japan Trak 2015調査報告
*3 平成28年度総務省「CM番組への字幕付与に係る評価、効果等に関する調査研究報告書」（平成29年1月）

7章

公園管理から公園経営の時代に向けて

1　指定管理者制度と市民参加

　公園は人が介在することで美観や安全を維持管理できているということを述べてきました。最後に管理制度についてふれておきます。

1.1　指定管理者制度とは

　2003（平成15）年9月、地方自治法の一部改正によって、公の施設であるスポーツ施設、都市公園、文化施設、社会福祉施設などの管理方法が、管理委託制度から指定管理者制度に移行しました。これまで公の施設の管理を外部に委ねる場合は、いわゆる外郭団体に限定されていたのですが、それを民間事業者、NPO法人などに委ねることで、民間の知恵やミッションを入れて、サービス向上と経費節減の工夫等を図り、効果的効率的な管理を目論んだ制度です。議会の議決を経て指定されれば、施設の使用許可や料金設定の権限が与えられたり、利用料を収入にしたりすることもできます。公園も指定管理者制度の導入によって、恒常的に維持管理が行われるようになりました。

　指定管理者事業は、自治体が公園を含む各種の公的施設に対し、3年から5年をめどに指定管理者の公募を行います。公募は、自治体の担当部局がホームページで公募方法を提示し、それに基づいて行われます。自治体の提示する仕様書や管理項目と内容や回数等を定めた管理要項に対し、応募する組織が、維持管理の手法と独自の管理運営のプログラムを提案し、実施に向けた自主事業の計画書を期限までに提出します。その後、プレゼンテーションによって計画の骨子を説明し、審査を受けて、決定されます。その際、公園の特徴を活かした利活用の方策、市民の活用を促す魅力的な運営プログラム、リスク管理や運営を協働する市民組織との連動性、広報手段、人員配置計画、手がける期間の事業収支計画等あらゆる項目に対する考え方が計画に盛り込まれます。なによりも実行性の高い計画でなくてはなりません。

1.2　ユニバーサルメンテナンス

　指定管理者は、行政が作成した管理要項に沿って基本となる維持管理の項目を遂行することになりますが、ここではユニバーサルデザインの観点から、ユニバーサルメンテナンスと題して整理してみたいと思います。

① **高齢者、障害者への理解と危険防止**

　管理者は、高齢者や各種の障害者が日常生活のなかで、どのような行動の不具合や不便をもっているかを知ることが必要です（3章 表3-4参照）。個別の対応が十分にできれば危険防止となり、利用者、管理者相互のリスクを回避することに繋がります。

② **関連ネットワークの構築**

　公園は生活のなかのサービス施設ですから、管理者は利用者の安全の確保こそが、第一の責務です。植物管理や施設管理もそのためにあるといっても過言ではないでしょう。そして、災害や事故など不測の事態が発生した場合、誰がどこに連絡し、どのような対応をするか。迅速な対応ができるよう病院、警察、行政とともに、関係者すべてを繋ぐ情報ネットワークと対応手法を構築し、日常から行動規範を身につけておくことが必要です。

③ **清潔と安全・安心**

　トイレはもちろん、手や肌が触れる各種の施設は、清掃によって、清潔を保つことが必要です。清潔は単に心地よいだけではなく、不潔であれば人間の尊厳が傷つくことに繋がります。清掃の徹底は、高齢者や障害者の転倒やけがなどの危険防止にも繋がります。

④ **点検とスピード対応**

　点検は維持管理項目を示した要綱のなかに記載されていますが、単なるルーチンで実行するのではなく、利用状況をみて、微妙な不足、不備、不具合に気づくことが点検です。そして不足や不具合をみつけた時は敏速な対応により改善したいものです。

⑤ **気配り**

　基本的な施設整備は法のもとに改修、改善されますが、ハード対応だけではできないことがあるということは本書では何度も記載してきました。また、予算の都合もあります。施設整備が満足なものでない場合は人的対応やソフトプログラム等により対応したいものです。

　まずは、出合いの挨拶や、入口ではご不明の点はありませんかなどの声かけといった自然な「気配り」から始めてはいかがでしょうか。

1.3　指定管理者のマインドとサービスと利益

　公園のインフラストラクチャーとしての役割は、一人一人自らが生活を楽しむための施設で、その活動や行為は広範にわたるものです。指定管

理者は利用者が公園で楽しむために必要なサービスを十分に理解して利用者のための運営プログラムを提供しましょう。その際の協力団体には、ボランティアやNPO等が考えられます。各団体のミッション（団体がおもに位置づけている役割。活動分野）を理解し、運営への誘導を図るなどの総合的な組織運営と、市民サービスの向上を図るホスピタリティが求められることになります。公園は公的な施設ですから、お金で個別のサービスを購入することが前提の民間のサービス施設とは異なります。有料施設は別ですが、公園全体は税金を投資して、誰もが平等に公園での快適さや楽しさを得る場所なのです。指定管理者はその意識をもって、人と人、人とモノ、人と社会、人と自然などの関わりにおいて、「心からのおもてなし」の心構えが必要だということになります。

そこで、公園でのホスピタリティに段階があるとするならば、第一段階は、公園で決められた整備基準をクリアし、安全のための維持管理をすることといえます。

第二段階は、作業中であっても、利用者と対峙すれば挨拶や声かけなど自然に「気配り」がなされ、良い印象で顧客満足が高い状況が求められます。管理者も愛され、安心を与える人材を目指しましょう。

第三段階は、管理者が公園のことを理解してその魅力を利用者に伝えるツールを備え、利用者は想定以上の満足を得る状況です。特殊な環境の公園で基準がすべてクリアできない場合は、その特殊性を活かし、バリアとなる状況をカバーするサービスツールを備えることです。

第三段階までを管理者も協働者であるボランティア等の団体もできるようになり、さらなるアイデアが次々に実施されるようになれば、公園のユニバーサルデザインは、すばらしいスパイラルアップができている状況となるでしょう。これが公園を魅力的な施設とする大きな要因となります。

指定管理者は儲からないと言われていますが、サービスを高度化し、これだけのサービスならば自費負担してもいいと利用者が思える仕組みを作ることが必要です。それによって維持管理料も捻出し、行政負担を徐々になくしていく。このような発想にたって公園のサービスの質が上がるように努力していきたいものです。

1.4 住民参加の良い点、悪い点

ソフトの具現化に関しては、人材の員数不足をカバーするためのボラ

ンティアや、あるいは公園の利用者にとって有効で良質なミッションをもつ団体（例：環境教育・食育・外遊び・花育て・スポーツ指導等）があれば、積極的に参加要請を行う等、現在は「新たな公」として協働を求めることは一般的な状況となりました。

　ここでの注意は、ボランティア等の各種団体にはミッション自体の実施力は高度であっても、それ以外のことに意識は働きません。したがって、指定管理者は、参加団体のミッションを尊重しつつ、公園の利用者にとってより良い方法を協議しながら進める必要があります。任せきりにすると、地域の代表的活動を名目に、長く運営に携わっていることを既得権として主張する団体も出てきます。そうなると運営はマンネリ化の傾向となりがちですが、そうなった時点では指定管理者といえども、なかなか口を挟めなくなり、運営の活性化に支障を来すことになります。ソフトには鮮度が必要で、ミッションを高度化するためには、参加団体とは定期的に話し合いの場をもち、工夫やアイデアを出し合うことや、他の場所への見学を促すなど学習方法も考える必要があります。

　また、ボランティア等の活動が昼間からできる団体は、NPO組織は別として、多くの場合、高齢でリタイアメントの人が主体であるように見受けられます。このような団体は加齢に伴い、体力や学習力の低下が考えられます。高齢者の活躍は望むところですが、常に元気で活動的な高齢者を入れて、高齢でも活力溢れる団体の活躍を期待したいものです。このように指定管理者には、運営の柔軟性がなくなることのないよう、参加や運営のルールづくり、団体のミッションに相応しい学習方法等もあわせて考え、実行する役割があります。

2　公園運営から公園経営へ

　公園は維持管理、管理運営を経て、近年では公園経営の時代になってきました。というのは、以前は、公園の整備も管理運営も自治体の手によって行われていました。この時は、自治体が提供する側、市民は提供を受ける側という構図でした。すなわち、使い方は使う個人に委ねられていました。その後、民意の高まりや財源不足などによって、ボランティアや指定管理者制度の導入となり、市民団体から企業までが公園の運営に携わり、公園全体を利用者にとってどのように活用することが公園として最も有

益であるのか、そのための予算の効果的効率的な使い方の工夫や、有料施設の経営も含まれるようになりました。したがって、モノの管理から人のための運営へ。これが公園経営の時代になった背景です。

2.1　地域コミュニティによるマネジメント

公園は、施設とその運営の両輪が相乗的に機能することによって効果が発揮されます。そのため、利用者を含め公園に関わるすべての人が、さまざまな問題を自分の事として考え、自らが公園の経営に参画することで、解決できることが多くあります。

規模の小さい公園では、自治会、子ども会や老人会などとのアドプト制度による管理運営が行われる場合があります。

同じ公園の中でも清掃はシルバー人材センターからの派遣、花壇の花植えは子ども会と、いろいろな人や団体が、それぞれに作業をしている例、花壇の管理だけにとどまっている例、商店街が率先して公園全体の管理運営を引き受けている例などがあります。このように民間団体、NPOなど地域のコミュニティが公園運営に参加する例はどんどんと広がっています。

2.2　パークマネージメント・グリーンマネージメント

規模の大きな公園では、指定管理者制度の導入による経営が行われています。その内容は、従来の園内の安全管理、維持管理業務に留まらず、管理者のアイデアを活かした自主事業の提案によって、利用者が参加する活動プログラムの運営を含みます。さらには官民連携（PPP）による事業経営という手法が導入される例も多くなってきました。

そして2017年6月15日には都市緑地法などの一部を改正する法律が施行されました。都市公園法などでは、都市公園の再生・活性化を目指して以下が改正されました。

① 都市公園での保育所等の設置は、これまで国家戦略特区特例であったが一般措置となり、設置が可

アドプト制度

豆知識　Adoptとは、英語で「養子縁組をする」といった意味であり、アドプト制度とは、行政が、特定の公共財（道路、公園、河川など）について、市民や民間事業者と定期的に美化活動を行うよう契約する制度のことをいう。日本では1998年から導入が始まった。

PPP・PFI

豆知識　公民が連携して公共サービスの提供を行うスキーム、PPP（パブリック・プライベート・パートナーシップ）Public Private Partnershipの頭文字をとったもの。行政と民間がパートナーを組んで事業を行う新しい「官民連携」の事業形式のこと。PPPの中には、PFI、指定管理者制度、市場化テスト、公設民営（DBO）方式、さらに包括的民間委託、自治体業務のアウトソーシング等も含まれる。
PFI（プライベイト・ファイナンス・イニシアティブ）とは、公共施設等の設計、建設、維持管理及び運営に、民間の資金とノウハウを活用し、公共サービスの提供を民間主導で行うことで、効率的かつ効果的な公共サービスの提供を図るという考え方。

能になった。
② 民間事業者による公共還元型の収益施設の設置管理制度が創設され、カフェやレストランの設置等は管理を行う民間事業者を公募選定できることになった。

また設置した事業者の管理許可期間はこれまで10年であったが20年に延伸された。建ぺい率が緩和された。

民間事業者が広場の整備等の公園リニューアルをあわせて実施する場合、資金貸付ができるようになった。
③ 公園内のPFI事業に係る設置管理期間については、これまで10年であったが30年に延伸された。
④ 公園の活性化に関する協議会の設置が必要となった。

都市緑地法では、緑地・広場の創出を目指して、以下が改正されました。
① 民間による市民緑地の整備を促す方法として、市民緑地の設置管理計画を市区町村が認定できる制度が創設された。これには固定資産税の軽減や施設整備等に関する補助等の措置がある。
② 緑の担い手として民間の組織を指定する制度が拡充された。

生産緑地法、都市計画法、建築基準法では、都市農地の保全・活用を目指して、以下が改正されました。
① 生産緑地地区は一律500㎡の面積要件を、現行の税制特例を適用して300㎡を下限に市町村が条例で引下げ可能となった。
② 生産緑地地区で直売所、農家レストラン等の設置が可能となった。
③ 新たな用途地域の類型として田園住居地域を創設し、地域特性に応じた建築規制や農地の開発規制が行われることとなった。

以上の改正事項は、公園や緑地は近年、財政面や人材面で新規整備はもとより施設更新や農地の継続に限界があった状況を打破し、積極的な民間活力の導入によって公園のみならず、空き地や農地を含めたストック

まずは、初めの声かけを促す、コミュニケーションチャーム／街の中で困っている人を見かけたら、積極的に「お手伝いします!」「サポートします!」と声をかける。その時、アイコンに指をさすだけで言葉が通じない人同士でも意思疎通を図るためのアクセサリー。すべての人が気軽にサポートする意識を示すお洒落なファッションアイテム。

の活用を促し、魅力的なまちづくりの実現を目指すものです。

このように公園は、法律面からも、より積極的な手法の導入をもって公園経営（パークマネージメント）に着手されつつあります。

公園経営のための仕組みづくりは、幅の広い利用、快適性、効果・効率などを綿密に考えること、そして事業性を高めるためには誰が整備し、経営するのが適切かという問題まで包含した、大きな転換期を迎えています。

さらには、公園を安全、快適にネットワークする道路の緑地、河川の緑地、公共施設に付帯する緑地そして放棄された農地や雑木林など緑全体を同一のコンセプトで計画し、ユニバーサルデザインのグッドプラクティスの技法や、人的サービスの商品化としての、たとえば在宅高齢者・障害者の生活支援プログラムや、情報面では電子による遠隔サポートシステム、アイコンの開発等、さまざまな「目に見えない事象の価値」を見出し、公園内に留まらずグリーンマネージメントのツールとしてまちづくりの仕組みを構築することになれば、街の美観に加えて、真に安全で利便と快適性を備えた「ユニバーサルデザインの街」の誕生が想像されます。

このような、公園経営を軸としたグリーンマネージメントのまちづくりの時代がすぐそこまできています。

3　利用者・管理者の「私」もマネージメントサポーター

一方、公園に集うすべての人が、自分がサポートするという意識をもって、サポートを必要としている人に接することができれば、施設の整備は最少に留めることもできるのではと想定されます。たとえば、植栽管理者は管理の技法、植物の種類を聞かれた場合などに対応し、清掃スタッフやパトロール途中のスタッフは、利用者に園内の事柄を質問されたり、施設の場所を聞かれたりした場合には気持ちよく答えるなどをすれば、標識や案内板をたくさん整備する必要がなくなります。これは、管理作業の見える化とインフォメーションを一体化するということです。

さらに常連の利用者が声をかけあい、手助けを行うなど、ちょっとした勇気や思いやりの行動によって、公園に集うすべての人がサポートしサポートされる。誰もが必要な注意を行い、注意を受け入れる。この状況が自然にできる姿は、公園のベストプラクティスといえます。

今後、このような行動が、公園でのサークル活動やプレイリーダーの育

成などに繋がれば、公園自体がコミュニティの核として培われ、より豊かなユニバーサルな環境となって行くことでしょう。

息子に学ぶユニバーサルデザイン　　髙木幸治

Column

わたしの長男は、生まれて2週間くらいしたときに、足が動かないことに気がつき病院へ行きました。

病院では、詳しい原因がわからず、何か難しい先天性の病名を聞いた記憶があります。

その病院の紹介で行った大学病院で、検査の前に「何か気になることは……」と聞かれたときに妻が「抱っこしたときに背中にこぶのようなものがある」と言ったときから、先生たちがバタバタとし、検査の結果、腹部にガンが見つかり、それが脊髄へ入り込み足がマヒしていることがわかりました。

その日のうちに、脊髄を圧迫しているガン細胞を取り除く手術を行いました。

普段は車いすで生活し、補装具を装着しクラッチを使用して歩くこともできます。

小学校入学前は、公園が好きでよく連れて行ってくれとせがまれました。また、虫が好きでバッタやセミなどを捕まえに近所の公園へ行きました。

通っていた保育園がよく公園へ遊びに連れて行ってくれ、遊具や斜面、草地まで他の子どもと同じように遊ばせてくれていたこともあり、その頃は自分に障害があることを気にせず遊べていたのではないかと思います。また保育士さんや周りの子どもが長男に自然と合わせていろいろな遊びや移動などをしてくれていたと思います。

休日に一緒に公園へ行くと、装具の中に砂が入るのを気にもせず、親の方がハラハラするくらい他の子どもと一緒に遊んでいました。足で踏ん張って乗る遊具などはみんなが揺らしすぎて落ちたことも多々あります。

公園では、遊具が安全で使いやすいかというより、友達と一緒に同じことができる

長男＝2001年7月生

ことが本人にとっては大事なことと思います。障害者に合わせて作ったものは健常者には面白く感じないものもあると思います。やはり砂場は、山を作って水を流して遊ぶのが一番です。

少し大きくなり、他の子どもが、こちらの遊具からあちらの遊具へ走って移動したりするとついていけず、怒っていたこともありました。

前に住んでいたアパートの駐車場の土の分を、安全にと思い一所懸命芝生の面積を増やしていました。あるときクラッチで遊んでいた長男が、「この芝生全部とって!! 歩くのに邪魔!!」と。転んでもけがをしないようにと芝生化を推進していましたが、少し足を引きずって歩く長男には引っかかって歩きづらく、土の方が良いというのです。

芝生は、「クッションがありけがを軽減させる」などは我々の考えることで、長男からすれば歩きづらい、車いすが重くなり押しづらい場所だったのです。芝生関係の仕事についている私にとっては非常にショックだったことを忘れません。

長男に、公園について聞いたことがあります。

アップダウンが多いところは好きでないそうです。またみんなと遊ぶ際に行動範囲が広くなるとついていけないのでコンパクトなエリアで遊べるところが好きだと言っていました。

最近では、電車もスロープなしで乗り降りし行動範囲も広くなっています。

これから、国際的なイベントの開催とともにもっと快適な、公園や街になることを願います。

髙木幸治(たかぎ・こうじ)……1969年、埼玉県生まれ高知県育ち。家業を継ぐため造園業に就職したが、バブル期のゴルフ場建設ややJリーグの始まりなどにかかわり、現在は競技場などのスポーツターフの会社に勤務。都市緑化機構グランドカバー・ガーデニング研究会校庭芝生部会の正会員で、校庭芝生の維持管理講習会の講師などを務めている。後に同ユニバーサルデザイン共同研究会にも個人会員として参画し、自身の体験を踏まえ、活動している。

パラリンピックで開催される競技

競技種目	競技概要
陸上	車いすや義足、視覚障害など、さまざまな障害のある選手が参加。 障害の種類や程度によってクラス分けされ、クラスごとに競技が行われる。車いす競技では、「レーサー」と呼ばれる軽量な専用車いすを使用し、下肢を切断した選手はスポーツ用に開発された義足を装着して競技に参加する。また視覚障害の選手は、競走種目において「ガイドランナー」と呼ばれる伴走者とともに走り、跳躍・投て種目では「コーラー（手を叩いて音で選手に知らせる人）」による指示を頼りに競技を行う。
アーチェリー	離れた的に向かって矢を放ち、その得点を競い合う競技。使用する弓には一般的なリカーブと先端に滑車のついたコンパウンドの2種類があり、的までの距離はリカーブ部門では70m、コンパウンド部門では50m。男女別の個人戦（男女3種目ずつ）と男女ペアになって順位を競うミックス（3種目）が行われる。ルールは一般のアーチェリー競技規則に準じているが、障害の種類や程度に応じて一部ルールを変更したり、用具を工夫したりすることが認められている。
ボッチャ	「ジャック」と呼ばれる白いボール（目標球）を投げ、後から赤いボール6個と青いボール6個を交互に投げ合い、いかに「ジャック」に近づけることができたかを競う競技。 個人（1人）、ペア（2人）、チーム（3人）の3種目に分かれている。障害によって手で投げることができない選手は足でボールをキックしたり、「ランプ」と呼ばれる滑り台のような投球補助具を使って、「競技アシスタント」のサポートを受けてボールを転がす。ただし、「競技アシスタント」は、選手の指示に従い「ランプ」の角度や高さを調節することはできるが、選手にアドバイスをすること、コートの方を振り返ることは禁止されている。
ローイング （ボート）	肢体不自由と視覚障害の選手が行うボート競技。種目は、4人のクルー（漕手）と指示を出す1人のコックス（舵手）による「コックス フォア」、2人のクルーによる「ダブル スカル」、1人のクルーによる「シングル スカル」の3種類があり、ブイ（浮標）で仕切られた6つの直線レーンで行われる。1000mで競漕し、ボートの先端がゴールラインに到達した順序で勝敗が決定する。選手は、障害の程度によりLTA（片下肢・体幹・腕が機能）、TA（体幹・腕が機能）、A（腕のみ機能）の3クラスに分けられ、「シングル スカル」のみ男女別、その他は男女混合で実施される。
自転車	切断、脳性まひ、視覚障害の選手が参加。バンクで行われるトラック競技は、個人追い抜き、タイムトライアル、スプリントの3種目で、ロードで行われる競技は、タイムトライアルとロードレースの2種目。 使用する自転車は、切断や軽度の脳性まひの選手が用いる一般的な自転車に加えて、体幹のバランスが悪い選手用の3輪自転車、視覚障害の選手が「パイロット」とともに乗るタンデム自転車（2人乗り用）がある。また、下肢障害の選手は、上肢だけで駆動するハンドサイクルを使用する（ハンドサイクルはロード種目のみ）。
馬術	人馬一体となった演技の正確性と芸術性を男女混合で競い合う競技。 種目は、規定演技を行う「チャンピオンシップ テスト」と、各自で選んだ楽曲に合わせて演技を組み合わせていく「フリースタイル テスト」がある。障害の程度に応じてⅠ・Ⅱ・Ⅲ・Ⅳ・Ⅴのグレードに分類され、各グレードで競技を行う。「チャンピオンシップ テスト」ではオープンクラスのチーム戦も実施される。
卓球	一般の競技規則に準じて行われるが、障害の種類や程度によって一部の規則が変更されている。 例えば、車いす使用の選手のサービスでは、エンドラインを正規に通過したボール以外はレット（ノーカウント）となる。また、障害により正規トスが困難な選手の場合は、一度自分のコートにボールを落としてからサービスすることが認められている。競技は個人戦と団体戦があり、選手は障害の種類や程度、運動機能によってクラス分けされ、クラスごとに競技を行う（個人：男子11クラス、女子10クラス／団体戦：男子5クラス、女子3クラス）。
車いすバスケットボール	コートの大きさやゴールの高さなど、基本的には一般のバスケットボールと同じルールが適用される。 ただし、車いすの特性を考慮し、ボールを持ったまま2プッシュまで車いすをこぐ事が認められており（連続して3プッシュ以上こぐとトラベリング）、ダブルドリブルは適用されない。使用する車いすは、回転性や敏捷性、あるいは高さが得られるようなバスケットボール専用のもの。競技技術はもとより、車いすの操作性も重要となっている。また、選手の障害状況に応じて持ち点（1.0点から0.5点きざみで4.5点まで）が定められ、1チーム5人の持ち点が14.0点以下でなければならない。
車いすフェンシング	ピストと呼ばれる台に車いすを固定して行うフェンシング競技。 ユニフォームや剣、マスクなどは一般のフェンシングと同じものを使用する。男女種目は、フルーレ（メタルジャケットを着た胴体のみの突き）とエペ（上半身の突き）、男子種目はサーベル（上半身の突き、斬り）がある。選手は障害の程度によってA級、B級にクラス分けされ、クラスごとに競技を行う。また、ルールは一般の競技規則に準じている。

ウイルチェアラグビー （車いすラグビー）	四肢に障害のある車いすの選手が参加。 選手は障害のレベルによって0.5点から3.5点までの7段階のクラスに分けられ、コート上でプレーする4人の選手の合計が8.0点を超えないようにしなければならない。ボールは、バレーボール球を参考に開発された専用球を使用し、蹴ること以外の方法でボールを運ぶことができる（投げる、打つ、ドリブル、転がすなど）。通常のラグビーと違って前方へのパスが認められている。また、ボールを持った選手同士のコンタクトにより、相手の攻撃や防御を阻止すること（相手にぶつかるタックル）が認められている。使用する車いすは、車いす同士の激しい激突に耐え、ポジションに応じた役割が果たせるような専用の車いすを使用する。ボールを保持して2つのパイロン間のゴールラインを越えると得点となる。
車いすテニス	ツーバウンドでの返球が認められていること（ツーバウンド目はコートの外でもよい）以外は、一般のテニスと同じルールで行われる（コートの広さやネットの高さも同じ）。 車いすは、回転性や敏捷性が得られるような専用のものを使用するため、競技技術はもとより、車いすの操作性が求められる。男女別のシングルスとダブルスの他、アテネパラリンピックからは、男女混合のクァードクラス（四肢まひ・車いす使用の選手対象）のシングルスとダブルスが正式種目となった。上肢にも障害があるこのクァードクラスでは、ラケットと手をテーピングで固定することが認められている。
バドミントン	立位や車いすなど、障害の種類や程度によって分けられたクラスごとに競技が行われる。基本的なルールは一般のバドミントンと同じ。クラスによってコートの広さが異なり、例えば車いすクラスや下肢に重い障害のある立位クラスでは、通常の半分の広さのコートでシングルス戦が行われる。
パラトライアスロン	車いす、切断、視覚障害などの選手が参加し、障害の種類と程度によって分けられたカテゴリごと、男女別に、スイム（0.75km）、バイク（20km）、ラン（5km）でタイムを競う。クラスや場面に応じて公認支援者（ハンドラー）やガイドのサポートを受けることができる。クラスはPTHC（車いすを使用する選手）、PTS2〜PTS5（肢体不自由の立位の選手）、PTVI（視覚障害の選手）の6つに分けられる。
5人制サッカー （ブラインドサッカー）	視覚障害の選手が参加。フィールドプレーヤーは全盲選手でアイマスクと危険防止のためのヘッドギアを装着し、ゴールキーパーは晴眼者や弱視者が担当する。 選手は、鈴が入ったボールの音と、ゴール裏から指示を出すことが認められているガイド（コーラー）の声を頼りにプレーする。また、ボールを持った相手に向かっていく際には、「ボイ（スペイン語で"行く"の意）」と声をかけなければならない。試合は前後半25分ずつの計50分。フィールドの大きさはフットサルとほぼ同じで、ボールがサイドラインを割ることがないように、両サイドのライン上に高さ1mのサイドフェンスが並べられている。
ゴールボール	1チーム3名で視覚障害の選手たちが行う対戦型のチームスポーツ。攻撃側は鈴の入ったボール（1.25kg）を相手ゴール（高さ1.3m、幅9m）に向かって投球し、守備側は全身を使ってボールをセービングする。攻守を交互に行い試合をし、得点を競う。試合は前後半12分ずつの計24分、ハーフタイムは3分で行われる。選手は視力の程度に関係なく、アイシェード（目隠し）を装着してプレーする。もともとは、第二次世界大戦で視力に障害を受けた軍人のリハビリテーションプログラムとして考案された。
柔道	視覚障害の選手による柔道。競技は障害の程度ではなく、体重別に男子7階級、女子6階級で行われる。ルールは「国際柔道連盟試合審判規定」及び「大会申し合わせ事項」に準じている。ただし、選手が互いに組んだ状態から主審が「はじめ」の合図をしたり、試合中に選手が離れた場合は主審が「まて」を宣告して試合開始位置に戻るなど、一部改正が加えられている。
パワーリフティング	下肢障害の選手によるベンチプレス。まずはラックからバーベルをはずした状態で静止し、審判の合図とともに胸まで下ろす。そして再びバーベルを押し上げることで1回の試技となる。 通常のベンチプレスは足が床に着いた状態で行われるが、専用のベンチプレス台を使用して脚を含めて全身が台の上に乗った状態で競技を行う。障害の種類や程度によるクラス分けはなく、体重別に男女各10階級で実施されている。
射撃	ライフルまたはピストルで規定の弾数を射撃し、その得点を競い合う競技。 標的との距離は、種目によって50m、25m、10mに分かれている。1発の満点は10点となっており、射距離10mのエアライフル種目で10点満点を狙うには、直径4.5mmの弾を標的中心にある直径0.5mmのマークに命中させなければならない。クラス分けは、射撃選手としての機能に基づいて行われる。銃の種類や射撃姿勢によって、男女別3種目と混合6種目の計12種目がある。
シッティングバレーボール	床に臀部（お尻）の一部をつけたまま行う6人制のバレーボール。ボールは公認のバレーボール球を使用するが、コートの広さは一般のバレーボールコートよりも狭く（サイドライン10m、エンドライン6m）、座位で行えるようネットの高さも低く設定されている（男子1.15m、女子1.05m）。試合は国際バレーボール競技規則に準じてラリーポイント制・5セットマッチ（3セット先取で勝利）で行われる。サーブ、ブロック、スパイクなどの際は、立ち上がったり飛び跳ねたりして床から臀部を浮かせてはならないが、レシーブの際だけ短時間の臀部の離床が認められている。

パラリンピックで開催される競技

競泳	一般の競泳競技規則に準じて行われるが、障害の種類や程度によって一部の規則が変更されている。例えば、視覚障害の選手の場合、ゴールタッチやターンの際に壁にぶつかってけがをしてしまう可能性があるため、コーチがタッピングバー（合図棒）を使って選手の身体に触れて壁の接近を知らせることが認められている。また、下肢に障害があり飛び込みスタートが困難な選手は、水中からのスタートが認められている。選手は障害の種類や程度、運動機能によってクラス分けされ、クラスごとに競技を行う。
カヌー	水上に設定された真っ直ぐなレーンで、複数のカヌーが一斉にスタートし、200m先のゴールでのスプリントタイムを競う。脳性麻痺や切断など肢体不自由の選手が参加し、障害の種類や程度によってクラス分けが行われる。カヤック種目（6種目）と、片側に浮力体の付いたアウトリガーカヌーであるヴァー種目（3種目）も追加され、全9種目で実施の予定。
パラテコンドー	上肢に障害のある選手がキョルギ（組手）という組み手の種目に参加。男女別、体重別に加えて、障害の程度によってクラスごとに分けられる。一般のテコンドーとルールはほとんど同じだが、頭部への攻撃は禁止されていて、手での攻撃はポイントにならない。

冬季大会

競技種目	競技概要
アルペンスキー	高速系種目のダウンヒル、スーパーG、技術系種目のジャイアントスラローム、スラローム、そして、スーパーGとスラローム1本ずつの合計タイムで順位が決まるスーパーコンビがある。 選手は立位、座位、視覚障害の3つのカテゴリーに分けられ、男女別に各カテゴリーで競技を行う。勝敗は、実走タイムに障害の程度に応じて設定されている係数を掛けた計算タイムで決まる。
バイアスロン	距離別に、ショート、ミドル、ロングの3種目が行われる。 ショートとミドルは射撃を外した回数だけペナルティループを回り、ロングは1発外すごとにタイムに1分加算される。選手は立位、座位、視覚障害の3つのカテゴリー分けられ、男女別に各カテゴリーで競技を行う。射撃はすべて伏射で、立位と座位の選手はエアライフル、視覚障害の選手は音を使ったビームライフルを使用する。勝敗は、アルペンスキー同様、実走タイムに障害の程度に応じて設定されている係数を掛けた計算タイムで決まる。
クロスカントリー	クラシカル、フリー、スプリント、リレーの各種目がある。 選手は立位、座位、視覚障害の3カテゴリーに分けられ、男女別にカテゴリーごとに競技を行う。勝敗はアルペンスキー同様、実走に障害の程度に応じて設定されている係数を掛けた計算タイムで決する。 クラシカルはスキーを左右平行に保ちながら2本のシュプールの上を滑る走法で行う種目で、スケーティング走法が禁止されている。フリーは自由な走法でタイムを競う種目。スプリントは、個人競技で、まず予選で決勝ラウンド進出者を決定し、決勝ラウンドは障害の程度によりタイム差をつけてスタートして、先着順で次のラウンドへ進む選手が決まる。 リレーは、1チーム4名で行うチーム戦で、4選手の係数の合計に上限を設け、できるだけ障害の程度差による不公平がないようにしている。またリレーには男女混合のミックスと、そうでないオープンがある。
アイスホッケー	脊髄損傷や切断など下肢に障害のある選手がスレッジと呼ばれる専用ソリに乗り、グリップエンドに駆動用の刃をつけた短いスティックを用いて行うアイスホッケー。 1チーム6名の選手が氷上でプレーでき、交代は自由で、6名全員が一度に交代することもある。試合時間は、1ピリオド15分、3ピリオド合計45分。「氷上の格闘技」と呼ばれるほどの激しいコンタクトや、鮮やかにゴールを奪う華麗なプレーなどが見どころで、観衆を魅了するウインタースポーツの花形競技として人気が高い。
車いすカーリング	スウィーピング（ブラシで掃くこと）は行わず、助走することなく手またはキュー（棒状の補助具）を使ってリリースすることが特徴。 試合は2チームによる対戦形式で1チームは4名で女子選手を必ず入れなければいけない。1試合は8エンドで、1エンドにつき各選手2個ずつストーンが与えられ、各チーム交互にハウスと呼ばれる円に向かってストーンを滑らせる。各エンドの勝敗は、ストーンをハウスの中心に最も近づけたチームが勝ちとなり、ハウスから最も近い負けチームのストーンよりも内側にある勝ちチームのストーンの数が得点となる。これを8エンド繰り返し、総得点で勝敗を決める。
スノーボード	切断やまひなど下肢や上肢に障害のある立位の選手が参加。障害の種類や程度によって男子3クラス、女子2クラスに分かれて男女別に順位を競う。 スノーボードクロスとバンクドスラロームの2種目があり、スノーボードクロスは、予選は一人ずつ滑走したタイム順に決勝進出を決め、決勝ラウンドは2名一組の選手が同時にスタートし勝った方が次ラウンドに進出するトーナメント方式で勝者を決める。バンクドスラロームは、規定どおりに旗門を通過してゴールしたタイムを争う。

（出典：日本パラリンピック委員会Webサイトより作成）

参考文献

- 『講座日本風俗史 第1巻』講座日本風俗史編集部 雄山閣 1958年
- 倉野憲司『古事記』岩波文庫 1963年
- 和辻哲郎『風土』岩波文庫 1979年
- 砂原茂一『リハビリテーション』岩波新書 1980年
- 後藤安彦『逆光の中の障害者たち』千書房 1982年
- 花田春兆「日本の障害者の歴史」『リハビリテーション研究 第54号』日本障害者リハビリテーション協会 1987年
- 『読める年表（決定版）』自由国民社 1991年
- 山田宗睦『原本現代訳 日本書紀』教育社 1992年
- 高橋和巳『心地よさの発見』三五館 1993年
- 藤岡義孝『人が自然に癒される時──エコ・ホリスティック医学序説』柏樹社 1994年
- 『障害者白書』平成7（1995）年版 総理府編
- 大島清『円熟開花』ごま書房 1996年
- 大島清『脳が若返る遊歩学』講談社 1998年
- 精神保健福祉研究会『我が国の精神保健福祉』平成11（1999）年度版 厚健出版
- 都市緑化技術開発機構公園緑地バリアフリー共同研究会編『公園のユニバーサルデザインマニュアル』鹿島出版会 2000年
- 都市緑化技術開発機構公園緑地防災技術共同研究会編『防災公園技術ハンドブック』環境コミュニケーションズ 2000年
- 梶本久夫監修『ユニバーサルデザインの考え方』丸善 2002年
- 『公園管理ガイドブック』公園財団 2005年
- 「バリアフリー新法の解説」平成18（2006）年 国土交通省
- 「日本の障害者施策の経緯」平成22（2010）年 文部科学省
- 「移動等円滑化の促進に関する基本方針の一部改正について」平成23（2011）年 国土交通省
- 『公園緑地マニュアル』平成24（2012）年度版 日本公園緑地協会
- 「都市公園の移動等円滑化整備ガイドライン（改訂版）」平成24（2012）年 国土交通省
- 「多様な利用者に配慮したトイレの整備方策に関する調査研究 報告書」平成24（2012）年 国土交通省
- 田中喜代次「平成21年度にSS評価された「教育／社会貢献・学内運営」について:健幸華齢のための老年運動学を考える」『筑波大学体育系紀要　第37巻』2014年
- 国土交通省都市地域整備局公園緑地課監修『ユニバーサルデザインによるみんなのための公園づくり──都市公園の移動等円滑化整備ガイドラインの解説』日本公園緑地協会 2014年
- 『情報通信白書』平成26（2014）年版 総務省
- 田中喜代次「高齢者の健幸華齢に向けた支援のあり方」平成26年度日本健康運動指導士会 健康運動指導者研究交流会大阪大会講演資料 2015年
- 「高齢者、障害者等の円滑な移動等に配慮した建築設計標準（劇場、競技場等の客席・観覧席を有する施設に関する追補版）」平成27（2015）年 国土交通省
- 『高齢社会白書』平成28（2016）年版 内閣府
- 『障害者白書』平成29（2017）年版 内閣府
- 国土交通省都市局公園緑地・景観課監修『ユニバーサルデザインによるみんなのための公園づくり【改訂版】──都市公園の移動等円滑化整備ガイドライン（改訂版）の解説』日本公園緑地協会 2017年
- 「描かれた動物・植物 江戸時代の博物誌」国立国会図書館電子展示会
- 「教授対談シリーズ こだわりアカデミー」アットホームWebサイト
- 日本パラリンピック委員会Webサイト

取材協力

- NPO法人カラーユニバーサルデザイン機構
- 国営武蔵丘陵森林公園
- 国営武蔵丘陵森林公園 管理センター森林公園里山パークス共同体
- 国営吉野ヶ里歴史公園
- 国営吉野ヶ里歴史公園 マネジメント共同企業体 吉野ヶ里公園管理センター
- 国営昭和記念公園
- 埼玉県都市整備部公園スタジアム課
- 熊谷スポーツ文化公園
- (公財)埼玉県公園緑地協会熊谷スポーツ文化公園管理事務所
- 埼玉スタジアム2002
- 静岡県立小笠山総合運動公園
- 静岡県サッカー協会グループ エコパハウス
- (株)JINRIKI
- 特定非営利活動法人熱気球運営機構(AirB)
- (株)文化放送
- みーんなの公園プロジェクト

執筆協力

芳賀優子
髙木幸治
伊賀公一
樋口彩夏
矢藤洋子
花岡伸和
松森果林

執筆者

公園のユニバーサルデザイン研究チーム

監修　酒井一江 (株)湊窓庵
　　　阿部和茂 信建工業(株)
　　　板垣久美子 (株)緑の風景計画
　　　一木 誠 (株)コトブキ
　　　一條良賢 (株)栗芝
　　　今野恵雄 日本体育施設(株)
　　　鈴木 裕 (株)アークノハラ
　　　中野 竜 (株)コトブキ
　　　宮地奈保子 (株)アーバンデザインコンサルタント
　　　山本忠順 (株)L&U公共施設研究所

本書をご購入いただいた方で、視覚障害、肢体不自由、学習障害などの理由から、そのままの状態で読むことができない読者に、本書のテキスト電子データを提供いたします。

ご希望の方は、郵便番号、ご住所、お名前、お電話番号、メールアドレスを明記のうえ、下のテキストデータ引換券(コピー不可)を、下記までお送りください。

- 第三者への貸与、配信、ネット上での公開などは著作権法で禁止されておりますので、ご留意ください。
- データの提供形式は、メールによるファイル添付です。
- データはテキストのみで、図版や写真は含まれません。

【引換券送り先】
〒104-0028 東京都中央区八重洲2-5-14
鹿島出版会 出版事業部
『公園のグッドプラクティス』テキスト電子データ送付係

公園のグッドプラクティス
新しい公園経営に向けて

2018年11月15日　第1刷発行

著者	公園のユニバーサルデザイン研究チーム
発行者	坪内文生
発行所	鹿島出版会
	〒104-0028 東京都中央区八重洲2-5-14
	電話03-6202-5200　振替00160-2-180883
印刷・製本	壮光舎印刷
デザイン	高木達樹(しまうまデザイン)

© Koen no universal design kenkyu team 2018, Printed in Japan
ISBN 978-4-306-07347-0 C3052

落丁・乱丁本はお取り替えいたします。
本書の無断複製(コピー)は著作権法上での例外を除き禁じられています。
また、代行業者等に依頼してスキャンやデジタル化することは、
たとえ個人や家庭内の利用を目的とする場合でも著作権法違反です。

本書の内容に関するご意見・ご感想は下記までお寄せ下さい。
URL: http://www.kajima-publishing.co.jp/
e-mail: info@kajima-publishing.co.jp

キリトリ線
テキストデータ引換券
公園のグッド
プラクティス